宁夏优秀人才支持计划资助出版项目

HYPERSIM
全电磁仿真建模

国网宁夏电力有限公司电力科学研究院　组编

中国电力出版社
CHINA ELECTRIC POWER PRESS

内 容 提 要

本书是国内第一本中文的有关 HYPERSIM 仿真建模的工具书籍。内容既包含入门级的主要设置、基本操作及主元件库的介绍，也涵盖了输电线路、变压器、旋转电机、直流输电系统、避雷器等主要元器件的仿真建模，并在此基础上结合当前研究热点，给出了新能源发电、交流电力系统及高压直流输电系统等仿真实例，方便读者更容易掌握该软件的仿真。

本书不仅适合广大初学者阅读，也可作为电力科研人员的参考工具书，还可以作为大中专院校电力相关专业的教材或社会培训机构的指导用书。

图书在版编目（CIP）数据

HYPERSIM 全电磁仿真建模/国网宁夏电力有限公司电力科学研究院组编 . —北京：中国电力出版社，（2025.1重印）

ISBN 978-7-5198-5177-4

Ⅰ.①H⋯　Ⅱ.①国⋯　Ⅲ.①电力系统—系统仿真　Ⅳ.①TM7

中国版本图书馆 CIP 数据核字（2020）第 232433 号

出版发行：中国电力出版社
地　　址：北京市东城区北京站西街 19 号（邮政编码 100005）
网　　址：http://www.cepp.sgcc.com.cn
责任编辑：陈　丽
责任校对：黄　蓓　马　宁
装帧设计：张俊霞
责任印制：石　雷

印　　刷：中国电力出版社有限公司
版　　次：2021 年 11 月第一版
印　　次：2025 年 1 月北京第二次印刷
开　　本：710 毫米×1000 毫米　16 开本
印　　张：11.25
字　　数：208 千字
定　　价：88.00 元

前 言

　　HYPERSIM 是一种基于并行计算技术、采用模块化设计、面向对象编程的电力系统数字实时仿真软件，目前具有 Unix、Linux、Windows 三种版本。HYPERSIM 提供了电磁仿真的准确性、并行处理器强大的计算能力以及离线仿真的灵活性，比传统的模拟仿真器应用更加灵活、简单、廉价，可用于电力系统、电力电子装置分析，用于 HVDC 及 FACTS 设备动态性能测试，以及控制系统性能测试、继电保护和重合闸装置闭环测试。HYPERSIM 具有强大的建模能力，包含了丰富的电力系统及控制系统模型。无源器件有电阻器、电容器、电感器、变压器、线路以及避雷器等；开关器件有理想开关、断路器、晶闸管、二极管、GTO 等；有源器件包括 HVDC 变换器、SVC、交直流电动机、非线性负荷、发电机等。系统具有支持数字量、模拟量的信号输入输出、IEC 61850、IEC 60870-5-104 协议等电力系统常用规约，支持 CPU 集群的分布式并行运算，系统互联基于 PCI-e 技术，互联高带宽、延迟低、I/O 扩展理论上无上限等优点。

　　虽然该软件在电力系统分析中应用范围越来越广泛，但在国内却仍然没有一本详细、全面、专业的使用指导。针对这一情况，编者结合该软件的多年仿真研究经验编写了本书。本书主要包含入门级的主要设置、基本操作及主元件库的介绍，同时也包括了中高级操作的自定义元件、数据输出与程序接口应用等，并结合当前研究热点，给出了新能源发电、高压直流输电及电力电子技术等仿真实例，方便读者加深对该软件的认知。本书具有内容丰富、分类明确、语言简洁，图文对照等特点，避免了枯燥乏味，方便读者的学习并能尽快掌握该软件的使用。

　　本书适用范围广泛，不仅适合广大初学者，也可以作为电力科研人员的参考工具书，还可以作为大中专院校电力相关专业的教材或社会培训机构的指导用书。

　　本书由宁夏电力能源安全重点实验室策划，主要由国网宁夏电力有限公司电力科学研究院的薛飞、李宏强、张迪、王超、周雷、杨慧彪等人编写。

　　由于时间仓促，书中难免有疏漏和不妥之处，请广大读者批评指正。

编者

2021 年 10 月

1　概　　述

　　世界知名的电力系统仿真实验室魁北克水电（Hydro-Quebec）研发中心基于多年来对世界上最复杂输电系统的研究，开发了 HYPERSIM 系统，此系统依托开放的结构、高速并行处理和模块可升级性，提供标准实时仿真测试服务，并提供高精度、参数易于配置的电气模型及软硬件设备，解决了众多电力领域前沿问题研究。目前，HYPERSIM 已迅速成为超大型电力系统的仿真测试首选解决方案。

　　HYPERSIM 是目前唯一有能力实现 10000＋节点仿真分析的超大型电力系统电磁暂态实时仿真测试系统。该系统以灵活和直观的特性为测试提速，针对电力公司、研发中心和设备制造商不断提升的需求而被广泛应用于出厂检测、系统集成测试以及研发工作和投产试验。

1.1　系统组成

　　HYPERSIM 包括硬件和软件两大部分，该系统既可以利用 Unix 工作站进行单处理器或多处理器的离线仿真，也可以通过欧泊实时技术有限公司（OPAL-RT Technologies Inc.）的 OP5600 系列仿真主机进行实时仿真。可以应用在控制器测试、保护设备测试、HVDC 与 FACTS 系统相互影响的研究等。HYPERSIM 具有以下特征：

　　（1）丰富的电力系统和电力电子模块库。HYPERSIM 模型库（见图 1-1）。涵盖了发电机、电动机、变压器、传输线、配电线与负载，电力电子器件、电压/电流传感器、Virtual IED 与继电器等电力系统常见设备。

　　（2）支持与 Matlab/Simulink/SPS 的接口。

　　（3）支持客户编写的 C 代码/库。

　　（4）可以导入 EMTP-RV 的电网数据。

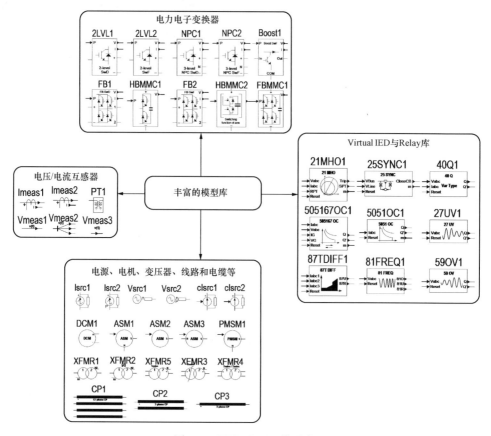

图 1-1 HYPERSIM 模型库

1.1.1 软件部分

HYPERSIM 电力系统实时仿真的软件部分包括 HYPERSIM、ScopeView 与 TestView 三个部分，各部分具体功能特性如下。

1.1.1.1 HYPERSIM 建模环境

HYPERSIM 的主界面如图 1-2 所示。

（1）编辑模式下，用户可以搭建电网模型，配置元件参数。

（2）仿真模式下，用户可以添加测量点、设置实时或者离线仿真模式，进行 Map Task 自动任务分配以及在线调整参数等。

HYPERSIM 提供了精确的潮流分析模块，根据功率、电压基准值，建立起电力系统的稳态条件，自动初始化电力系统。并且采用先进的插值技术，使用户能精确仿真两个时间步长之间出现的阀触发，避免无规律振荡的出现。

1.1.1.2 ScopeView 在线监测与数据分析软件

ScopeView 是一种数据采集和信号处理软件（见图 1-3），用于对 HYPERSIM

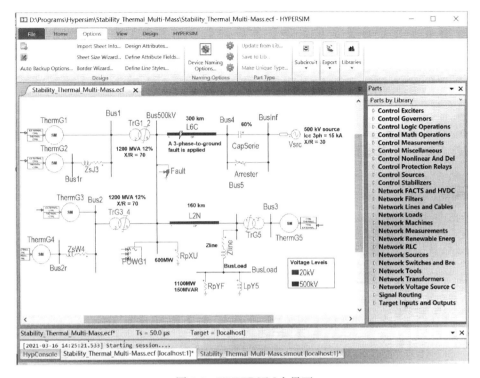

图 1-2　HYPERSIM 主界面

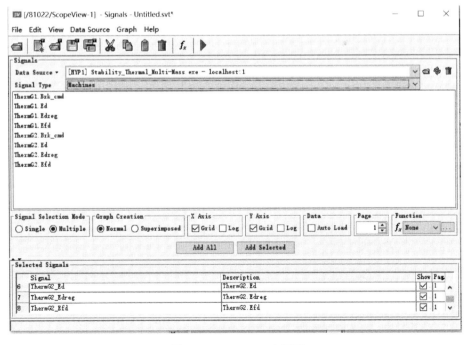

图 1-3　Scope View 主界面

的仿真结果实现可视化分析。能够导入来自 EMTP-RV，Matlab 与 Comtrade 的数据；具有先进的运算后处理能力，例如，计算最大值、最小值、平均值，进行快速傅里叶变换、谐波分析等，并可以生成测试报告。

1.1.1.3 TestView 自动测试软件

TestView 自动测试软件（见图 1-4）允许用户编写自动测试用例，并且执行测试；进行数千次的数据统计、随机蒙特卡罗试验、昼夜连续测试等；按标准格式存储仿真数据并用于离线分析。

图 1-4   TestView 主界面

1.1.2   硬件部分

1.1.2.1   OP5600 实时仿真主机

HYPERSIM 标准的硬件平台是配有 10～2560 个 CPU 核心的计算机系统。由于采用了最新的英特尔技术，使 HYPERSIM 成为适合于数千条三相母线的大规模电力系统测试的实时系统。另外，根据客户需求定制的计算机和通信板，为提高仿真能力提供了有竞争力的解决方案。

1.1.2.2 OP5600 实时仿真主机

OP5600 实时仿真机的实物图如图 1-5 所示，其操作系统是实时操作系统（Linux Redhat），在硬件上，OP5600 实时仿真机具有 12 个 3.46GHz 的计算核心、Xilinx FPGA 芯片以及功能强大的 I/O 处理能力，支持最多 128 路模拟 I/O 或 256 路数字 I/O，可借助 DB37 与外部设备连接，可在前面板上设置 I/O 监控，最多支持 4 个 PCI 插槽，可支持的第三方 I/O 通信协议包括 IEC 61850、UDP/IP、CAN、RINC、MIL1553、IRIG-B、DNP3.0 和 C37.118 等。

1.1.2.3 OP7000 实时仿真主机

OP7000 实时仿真机的实物图如图 1-5 所示，可插入多块 Virtex 6 FPGA 卡，主机内嵌 I/O 扩展卡，设计有 SFP 通信接口，支持最高 5Gbit/s 的光纤通信。

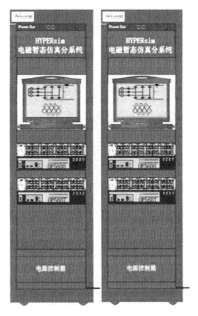

图 1-5　HYPERSIM 仿真机

1.2　软件特色

HYPERSIM 能够实现自动化测试控制、实时仿真在线调整参数，并且与 Matlab 留有接口，易于操作，大大提高了研发效率。

1.2.1　自动化测试控制

HYPERSIM 可通过测试脚本（见图 1-6）及宏指令，自动化执行重复测试，通过智能数据管理保证测试的完整性及可重复性，同时将测试数据自动保存并生成报告。而且针对测试结果进行统计学及蒙特卡罗分析。

1.2.2　实时仿真在线调参

在实时仿真过程中，可以在线调整模型参数，不用停止模型修改参数后再次编译，提高研发效率。

1.2.3　支持 Matlab 的接口

通过 HyperLink 可以导入多个 Simulink 模型，导入的模型可以在离线模式和实时模式下运行。支持 S-Function 的".c"文件中的内联 S-Function 函数，同时 HYPERSIM 可实时调整 Simulink 参数。

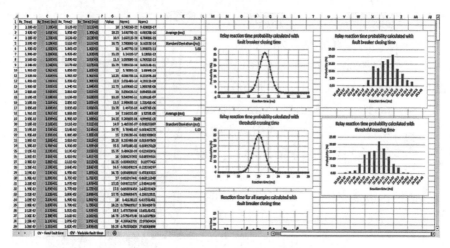

图 1-6   HYPERSIM 自动化测试脚本

1.3   应用领域

HYPERSIM 在控制器和保护系统的硬件在环测试的应用主要有：

（1）控制器和保护系统的功能与性能测试。

（2）复杂 SCADA 系统的测试。

（3）FACTS 动态性能测试。

（4）继电器与自动重合闸设备的闭环测试。

（5）大规模交流输电系统中 HVDC 变换器与 FACTS 的集成。

（6）新技术研究，如 MMC-HVDC 变换器与真实电网连接时的分析缩短控制器调试时间，实现更有效的控制策略设计。

（7）高压设备的功率硬件在环 PHIL 测试。

HYPERSIM 在电力系统研究中的应用主要有：

（1）进行电力系统的电压分析、动态分析以及稳定性分析。

（2）进行故障状态、线路变化以及铁磁谐振时的电磁暂态分析。

（3）对用户电力设备与 FACTS 进行分析，如对 STATCOM、SVC 和 SVG 进行仿真分析。

（4）对不同条件突发事件下发电、输电以及配电状态进行分析。

（5）进行光伏阵列、风力发电等分布式电源的并网仿真分析。

2 线 路 建 模

2.1 线路建模模块介绍

　　HYPERSIM 线路模型提供两种输入电气参数方法：①使用 HYPERSIM 中的 HyperLine 模块；②使用 EMTP 文件的加载文件功能。

　　HyperLine 根据导线特性和塔架几何形状计算架空输电线路的 RLC 参数，界面如图 2-1 所示。

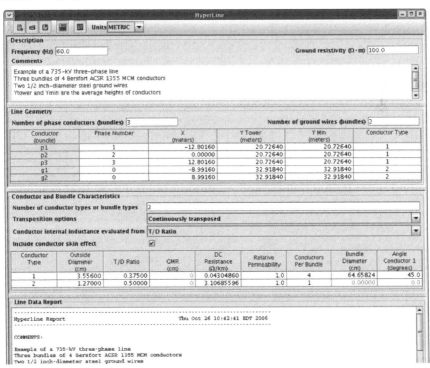

图 2-1　HyperLine 界面

HYPERSIM 线路模型还可以通过加载 EMTP 文件形式来填写线路参数。HYPERSIM 允许用户直接从三种格式的文件中传输数据。通过加载 EMTP ".pun" 文件中参数的传输，允许用户使用线路参数文件生成 ".pun" 格式的文件。当用户点击控制面板 "fichier" 按钮时，HYPERSIM 将指定的 ".pun" 文件中的数据传输到线控制面板。但在 PI 型线路模型的情况下，无法读取 ".pun" 文件中包含的数据。

2.2　线路模型介绍

线路建模模块可以产生用于稳态和时域研究的传输线路模型，HYPERSIM 提供的线路模型有 PI 型线路模型、CP 型线路模型、FD 型线路模型和 WB 型线路模型。

2.2.1　PI 型线路模型

电力系统计算和仿真中常用的是 PI 型结构模型，单相 PI 结构线路模型如图 2-2 所示。

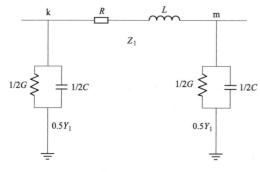

PI 结构以电阻、电抗、电纳、电导表示输电线路的等值电路，通常仅考虑线路两端的电压电流。图中 R、L、G、C 的数值可以根据传输线方程的解推导得出，能够精确反映在基频或在某一固定频率下的输电线路特性。

图 2-2　单相 PI 结构线路模型

式（2-1）表达了输电线路 k、m 两端之间的关系，同时根据双端口理论能够推导出 PI 结构线路模型中的参数表达式如式（2-2）所示。

$$\begin{bmatrix} U_k \\ I_k \end{bmatrix} = \begin{bmatrix} \cosh(\gamma l) & Z_c \sinh(\gamma l) \\ \dfrac{1}{Z_c} \sinh(\gamma l) & \cosh(\gamma l) \end{bmatrix} \begin{bmatrix} U_m \\ I_m \end{bmatrix} \tag{2-1}$$

$$\begin{cases} Z_1 = R_1 + j\omega L_1 = Z_0 l \dfrac{\sinh(\gamma l)}{\gamma l} \\ Y_1 = G_1 + j\omega C_1 = Y_0 l \dfrac{\tanh(\gamma l/2)}{\gamma l/2} \end{cases} \tag{2-2}$$

式中：U_k 为 k 点的电压；I_k 为 k 点的电流；U_m 为 m 点的电压；I_m 为 m 点的电流；γ 为反射系数；l 为线路长度；Z_c 为二端口网络的开路阻抗；Z_1 为线路阻抗；R_1 为线路电阻；L_1 为线路电抗；Y_1 为线路导纳；ω 为交流电压的角频率；G_1 为电导；C_1 为电纳；Z_0 为短路阻抗；Y_0 为短路导纳。

从式（2-2）可以看出，Z_1、Y_1 的计算式中包含双曲线函数，且 γ 为复数，计算起来十分复杂，而当输电线路十分短的时候，$\dfrac{\sinh(\gamma l)}{\gamma l}$、$\dfrac{\tanh(\gamma l/2)}{\gamma l/2}$ 都约为 1，此时可得到

$$\begin{cases} Z_2 = R_2 + j\omega L_2 = Z_0 l \\ Y_2 = G_2 + j\omega C_2 = Y_0 l \end{cases} \tag{2-3}$$

上述 PI 型结构模型都为单相模型，对于三相或者多相输电线路，各相输电线路之间存在着耦合，此时根据相互耦合的输电线路的基本参数矩阵，可得到如图 2-3 所示的输电线路的三相 PI 型结构，并且图中各相存在着互阻抗。

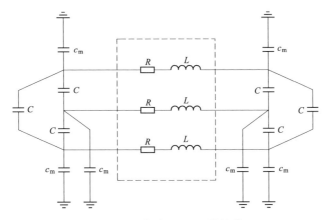

图 2-3　三相耦合的 PI 型结构模型

C—线路之间的电容；C_m—线路的对地电容；R—线路电阻；L—线路电感（电抗）

PI 型结构模型往往用于电力系统的稳态计算，当可考虑动态过程或者进行动模实验时，往往采用 PI 型链结构将一条长线路分为若干段，每段线路用一个 PI 型结构模型进行模拟，由多个 PI 型结构组成的 PI 型链能够较好地反映出线路的暂态特性。

在电磁暂态计算中通常不用 PI 型线路模型，主要是因为 PI 型线路模型采用的是某一固定频率（通常为工频）下的参数，不能反映其他频率的线路特性。并且在暂态过程中，由于 PI 型线路模型的集中参数性质，计算的结果容易出现虚假振荡。因此 PI 型线路模型主要应用于稳态计算或模拟一些非常短的线路（由于线路太短，采用行波模型无法计算）。

2.2.1.1　单回三相 PI 型线路模型

HYPERSIM 软件中，单回三相 PI 型线路模型图标如图 2-4 所示，这一模型主要用于模拟短传输线。

（1）基本参数。

1）Base MVA：基准功率（MVA）。

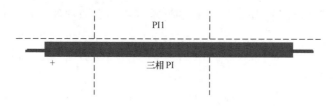

图 2-4 单回三相 PI 型线路

2）Base Volt：线路基准电压，即相对地电压（kV）。

3）Base Freq：基准频率（Hz）。

4）Length：线长（km）。

（2）EMTP 几何参数。

1）Fault/file：缺省值/计算参数。

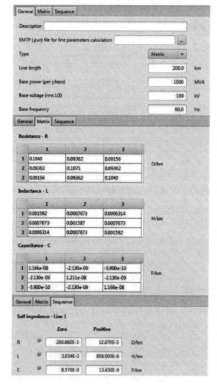

图 2-5 PI 型线路模型参数设置界面❶

数设置界面如图 2-5 所示。

2）File name：EMTP 或 Inpurdue 格式文件，包含线路几何参数，此型号不允许使用 EMTP ".pun" 格式。

（3）RLC 参数。

1）Matrix/Sequences：

Matrix：矩阵（未换相的线路；填写矩阵）。

Sequences：序列（换相线路；填写序列）。

2）R、L、C：R，L，C 矩阵（Ω/km，H/km，F/km）。

3）序列 0：零序列。

4）序列 1：正序列。

（4）可用信号列表。在采集时，传感器提供以下线路信号：

1）I1（a，b，c）_bus label：尾端 1 的各相电流。

2）I2（a，b，c）_bus label：尾端 2 的各相电流。

（5）参数设置界面。PI 型线路模型参

---

❶ 为使用方便，全书截屏中的内容保持原样。

HYPERSIM 还提供了能够设置故障的 PI 型线路模型，其参数设置界面如图 2-6 所示。

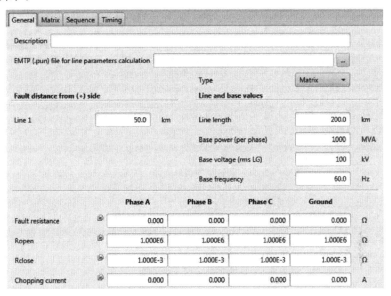

图 2-6　带故障设置的 PI 线路参数设置界面

2.2.1.2　双回耦合 PI 型线路模型

在实际电网中存在输电线路同塔情况，双回耦合 PI 型线路模型主要用于模拟此类短传输线路，模型图标如图 2-7 所示。

图 2-7　双回耦合 PI 型线路模型

（1）参数描述。双回耦合 PI 型线路模型的参数与单回 PI 型线路模型的参数相同，不同之处在于表示导体阻抗和导纳的 R、L 和 C 矩阵为 6×6 阶，而不是 3×3 阶，原因是该模型代表具有 6 个导体的线路。

双回耦合 PI 型线路模型增加了关于序列的新参数，对于单回 PI 型线路模型，每个电路存在正序和零序参数。而且，必须表示两个电路之间的中性耦合，即互阻抗并且仅以零序列表示。建模时如果使用由序列输入的参数，则将仅仅为近似模拟现实线路，未体现两个电路的相位之间的耦合。

（2）可用信号列表。没有线路信号可用于双回耦合 PI 型线路模型，原因是获得信号所需的计算会大大减慢模拟模型所需的时间，因此，HYPERSIM 只提供故障信号可用。

双回耦合 PI 型线路模型参数设置界面如图 2-8 所示，带故障设置的双回耦合 PI 线路参数设置界面如图 2-9 所示。

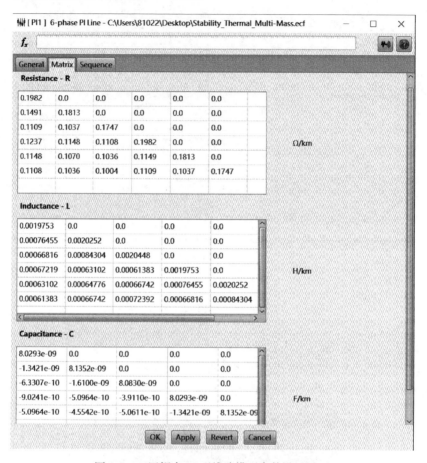

图 2-8　双回耦合 PI 型线路模型参数设置界面

图 2-9　带故障设置的双回耦合 PI 线路参数设置界面

2.2.1.3 三回与四回 PI 型线路模型

三回与四回 PI 型线路模型是双回耦合 PI 型线路模型的推广，它们分别代表 3 个和 4 个三相电路，模型图标如图 2-10 和图 2-11 所示，同时，HYPERSIM 还提供带故障设置模型。

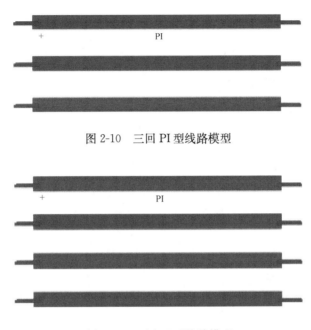

图 2-10　三回 PI 型线路模型

图 2-11　四回 PI 型线路模型

（1）参数描述。除了表示导体的阻抗和导纳的 **R**、**L** 和 **C** 矩阵为 9×9 阶和 12×12 阶之外，三回与四回 PI 型线路模型的参数与单回 PI 型线路模型的参数相同。由于这些矩阵很大，因此 HYPERSIM 提供了从 EMTP 或 Inpurdue 文件计算参数值的选项，可以帮助用户避免重新转录数值及可能产生错误的繁琐任务。

（2）可用信号列表。对于耦合 PI 线，没有线路信号可用于三回与四回 PI 型线路模型，只有故障信号可用。

三回和四回耦合 PI 型线路模型参数设置界面如图 2-12 和图 2-13 所示。

2.2.1.4 PI 型线路模型搭建操作实例

PI 型线路模型库与图标如图 2-14 所示，可以根据不同的线路回数选用不同 PI 型线路，下文以单回三相线路 PI 型线路模型搭建为例进行说明。

（1）双击线路建模模块打开 PI 型线路的设置框（见图 2-15），在 General 可以设置线路的基本参数，如长度、基准容量等。

（2）在 Sequence 选项框中需要输入线路的零序参数和正序参数，鼠标右键单击参数单位，可以选择参数的单位制（见图 2-16 和图 2-17）。可根据需要灵活选择，需要注意不同单位制之间的转换。填写完参数后即完成了单回三相线路 PI 型线路模型搭建。

Resistance - R

	1	2	3	4	5	6	7	8	9	
1	0.083093	0.0	0.0	0.0	0.0	0.0	0.0	0.0	0.0	
2	0.065411	0.085112	0.0	0.0	0.0	0.0	0.0	0.0	0.0	
3	0.064425	0.066236	0.084779	0.0	0.0	0.0	0.0	0.0	0.0	
4	0.058960	0.061250	0.062790	0.085686	0.0	0.0	0.0	0.0	0.0	Ω/km
5	0.057363	0.059744	0.061527	0.067474	0.086717	0.0	0.0	0.0	0.0	
6	0.055292	0.057663	0.059545	0.066070	0.067474	0.085686	0.0	0.0	0.0	
7	0.048322	0.050559	0.052527	0.059545	0.061527	0.062790	0.084779	0.0	0.0	
8	0.046390	0.048584	0.050559	0.057663	0.059744	0.061250	0.066236	0.085112	0.0	
9	0.044272	0.046390	0.048322	0.055292	0.057367	0.058960	0.064425	0.065411	0.083093	

Inductance - L

	1	2	3	4	5	6	7	8	9	
1	0.0022939	0.0	0.0	0.0	0.0	0.0	0.0	0.0	0.0	
2	0.00057040	0.0022895	0.0	0.0	0.0	0.0	0.0	0.0	0.0	
3	0.00043209	0.00056779	0.0022886	0.0	0.0	0.0	0.0	0.0	0.0	
4	0.00024019	0.00027771	0.00032792	0.0022848	0.0	0.0	0.0	0.0	0.0	H/km
5	0.00020759	0.00023766	0.00027654	0.00056277	0.0022832	0.0	0.0	0.0	0.0	
6	0.00018151	0.00020633	0.00023776	0.00042574	0.00056277	0.0022848	0.0	0.0	0.0	
7	0.00011913	0.00013379	0.00015188	0.00023776	0.00027654	0.00032792	0.0022886	0.0	0.0	
8	0.00010529	0.00011805	0.00013379	0.00020633	0.00023776	0.00027771	0.00056779	0.0022895	0.0	
9	9.4075e-05	0.00010529	0.00011913	0.00018151	0.00020759	0.00024019	0.00043209	0.00057040	0.0022939	

Capacitance - C

	1	2	3	4	5	6	7	8	9	
1	5.9943e-09	0.0	0.0	0.0	0.0	0.0	0.0	0.0	0.0	
2	-5.4873e-...	6.0540e-09	0.0	0.0	0.0	0.0	0.0	0.0	0.0	
3	-1.9161e-...	-5.4671e-...	5.9995e-09	0.0	0.0	0.0	0.0	0.0	0.0	
4	-3.0419e-...	-4.8440e-...	-1.0145e-...	6.0001e-09	0.0	0.0	0.0	0.0	0.0	F/km
5	-1.8160e-...	-2.5952e-...	-4.8195e-...	-5.4571e-...	6.0566e-9	0.0	0.0	0.0	0.0	
6	-1.3664e-...	-1.7819e-...	-2.9727e-...	-1.8962e-...	-5.4571e-...	6.0001e-09	0.0	0.0	0.0	
7	-6.9978e-...	-7.9943e-...	-1.1382e-...	-2.9727e-...	-4.8195e-...	-1.0145e-...	5.9995e-09	0.0	0.0	
8	-5.2401e-...	-5.8096e-...	-7.9943e-...	-1.7819e-...	-2.5952e-...	-4.8440e-...	-5.4671e-...	6.0540e-09	0.0	
9	-4.8531e-...	-5.2401e-...	-6.9978e-...	-1.3664e-...	-1.8160e-...	-3.0419e-...	-1.9161e-...	-5.4873e-...	5.9943e-09	

图 2-12　三回耦合 PI 型线路模型参数设置界面

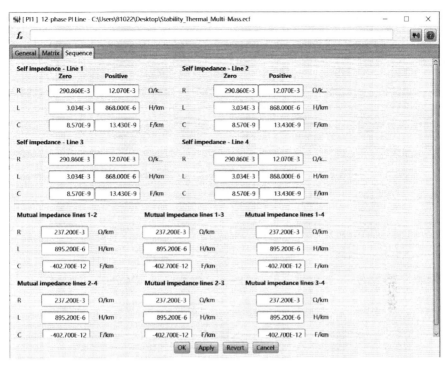

图 2-13　四回耦合 PI 型线路模型参数设置界面

Cable Data
Constant param, 12-ph
Constant param, 1-ph
Constant param, 2-ph
Constant param, 3-ph
Constant param, 3-ph w/ fault
Constant param, 4-ph
Constant param, 6-ph
Constant param, 6-ph w/ fault
Constant param, 9-ph
Frequency dependent, 2-ph
Frequency dependent, 3-ph
Frequency dependent, 3-ph (SL)
Frequency dependent, 4-ph
Line Data
PI section, 12-ph
PI section, 12-ph w/ fault
PI section, 3-ph
PI section, 3-ph w/ fault
PI section, 6-ph
PI section, 6-ph w/ fault
PI section, 9-ph
Wideband line/cable
Wideband line/cable fitter

图 2-14　线路模型库

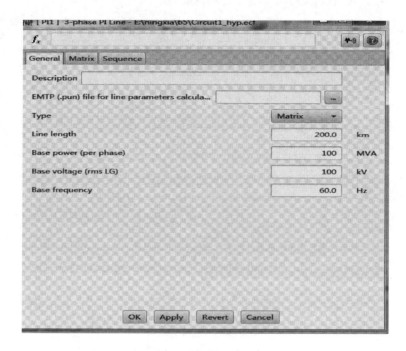

图 2-15 PI 型线路模型基本参数（General）界面

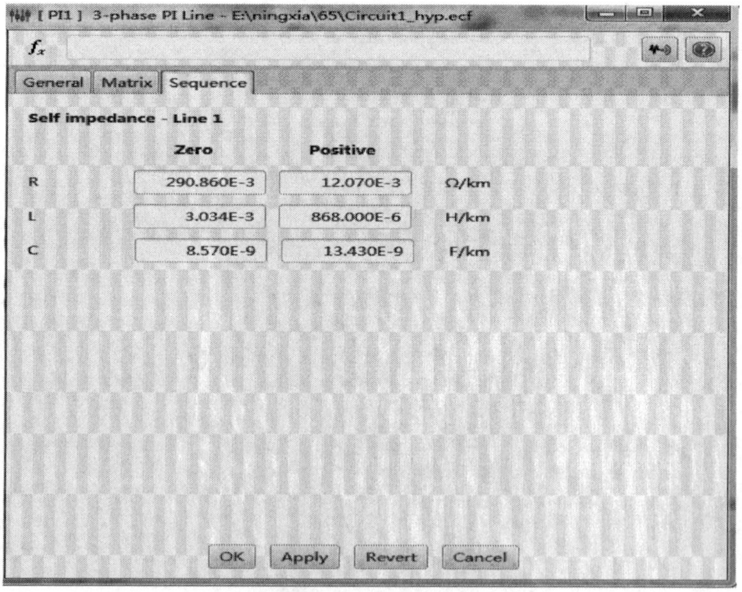

图 2-16 PI 型线路模型 Sequence 参数界面（有名值）

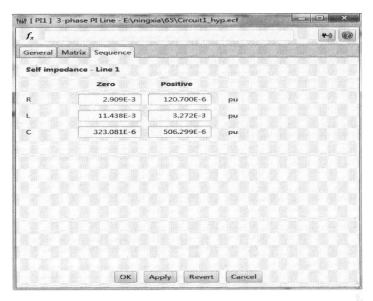

图 2-17　PI 型线路 Sequence 参数界面（标幺值）

2.2.2　CP 型线路模型

输电线路的传输线方程可由麦克斯韦方程组导出，即

$$\begin{cases} -\dfrac{\partial u(x,t)}{\partial x} = R_0 i(x,t) + L_0 \dfrac{\partial i(x,t)}{\partial t} \\[2mm] -\dfrac{\partial i(x,t)}{\partial x} = G_0 u(x,t) + C_0 \dfrac{\partial u(x,t)}{\partial t} \end{cases} \tag{2-4}$$

$$\begin{cases} -\dfrac{\mathrm{d}U}{\mathrm{d}x} = (R_0 + \mathrm{j}\omega L_0) I = Z_0 I \\[2mm] -\dfrac{\mathrm{d}I}{\mathrm{d}x} = (G_0 + \mathrm{j}\omega C_0) U = Y_0 U \end{cases} \tag{2-5}$$

式中：t 为时间；x 为长度；$u(x,t)$ 为电压的时域表示形式；$i(x,t)$ 为电流的时域表示形式；R_0 为线路电阻；L_0 为线路电抗；G_0 为线路电导；C_0 为线路电纳。式（2-4）和式（2-5）分别为传输线的时域形式和相域（频域）形式。对式（2-4）和式（2-5）变换并求解，可得通解，即

$$\begin{cases} U = A_1 \mathrm{e}^{-\gamma x} + A_2 \mathrm{e}^{\gamma x} \\[2mm] I = \dfrac{A_1}{Z_c} \mathrm{e}^{-\gamma x} - \dfrac{A_2}{Z_c} \mathrm{e}^{\gamma x} \end{cases} \tag{2-6}$$

式中：A_1 和 A_2 为积分常数；Z_c 为特性阻抗或波阻抗；γ 为传播常数；x 为线路长度。

假定已知线路首端 k 的电压电流，代入式（2-6），可求得末端 m 的电压电流与首端电压电流之间的关系，即

$$U_m + Z_c I_m = (U_k + Z_c I_k) \mathrm{e}^{-\gamma x} \tag{2-7}$$

式中：U_m 为线路末端电压；I_m 为线路末端电流；U_k 为线路首端电压；I_k 为线路首端电流。

令 $\gamma = \alpha + j\beta$，当传输线单位长度的电阻和电导为 0 时，可认为传输线路是无损耗线，此时，$\alpha = 0$，$\beta = \omega\sqrt{L_0 C_0}$，$s = j\omega$，式（2-7）可变化为

$$U_m(s) + Z_c I_m(s) = [U_k(s) + Z_c I_k(s)]e^{-sr} \tag{2-8}$$

对式（2-8）进行变换，可得 CP 模型的时域模型，即

$$u_m(t) + Z_c i_m(t) = u_k(t-\tau) + Z_c i_k(t-\tau) \tag{2-9}$$

将线路首端的电流用线路末端电压电流表示，则有

$$u_k(t) + Z_c i_k(t) = u_m(t-\tau) + Z_c i_m(t-\tau) \tag{2-10}$$

式中：$u_m(t)$ 和 $u_k(t)$ 分别为 U_m 和 U_k 的时域表达形式；$i_m(t)$ 和 $i_k(t)$ 分别为 I_m 和 I_k 的时域表达形式；τ 为电压或电流从始端传送到终端的时间。

根据式（2-9）和式（2-10）可得到 CP 模型的等效电路图，如图 2-18 所示。

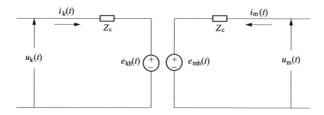

图 2-18　时域内 CP 模型等效电路

$u_k(t)$—首端电压的时域表达；$i_k(t)$—首端电流的时域表达；

$u_m(t)$—末端电压的时域表达；$i_m(t)$—末端电流的时域表达；

$e_{kh}(t)$—从首端向末端看时第 h 次电压；$e_{mh}(t)$—从末端向首端看时第 h 次电压

考虑到线路的损耗时，仍可以得到与理想无损线路模型结构类似的有损模型。此时 CP 模型可用 3 个集中的电阻来表示线路损耗，分别置于线路首端、中间和末端，数值分别为 $\frac{1}{4}R$、$\frac{1}{2}R$、$\frac{1}{4}R$，如图 2-19 所示。

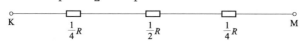

图 2-19　CP 模型中的电阻插值

对于多相输电线路来说，各导线之间相互耦合，线路各参数均为矩阵形式，通常这些矩阵中各元素都不为零。此时可以通过相模变换，将相域中各导线的电压和电流变换到模域，形成相互独立的模量。相模变换及反变换公式为

$$U_{\text{phase}} = T_v U_{\text{mode}} \tag{2-11}$$

$$U_{\text{mode}} = T_v^{-1} U_{\text{phase}} \tag{2-12}$$

$$I_{\text{phase}} = T_i I_{\text{mode}} \tag{2-13}$$

$$I_{\text{mode}} = T_i^{-1} I_{\text{phase}} \tag{2-14}$$

在模域中，各模量相互独立，此时可将输电线路等值为单相 CP 模型，求得模电压与模电流后再进行相模反变换，得到相域内的电压电流量。

模型中 L 和 C 均采用分布参数，它相当于无穷多个 PI 结构模型的串联，能够基本模拟线路的分布特性。由式（2-9）和式（2-10）可以看出，线路某一侧的电压、电流可以由线路另一侧的 τ 时刻前的电压电流计算求得。这是 CP 模型的另外一个显著优点，它实现了线路两端的解耦，使得主回路能以输电线路为界进行分割，从而加快计算速度。

但是 CP 模型中线路的损耗仍用集中参数表示，CP 线路模型为行波模型，其线路的电感和电容采用分布参数，它相当于多个 PI 型结构的串联，能够基本模拟线路的分布特性。

CP 线路的电感和电阻均为某一固定频率下（通常为工频）的参数，没有模拟线路参数的频变特性，不能很好地反映线路的暂态特性，因此 CP 模型适合稳态或者只对基频分量研究的情况下使用。

2.2.2.1 单回三相 CP 型线路模型

HYPERSIM 软件中单回三相 CP 型线路模型图标如图 2-20 所示。

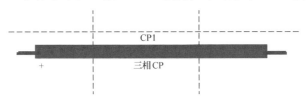

图 2-20 单回三相 CP 型线路模型图标

（1）基本参数。

1）Base MVA：基准功率（MVA）。

2）Base Volt：线基准电压—相对地电压（kV）。

3）Base Freq：基准频率（Hz）。

4）Length：线长（km）。

5）Data base key name：基础数据库名（可选组件）。

（2）其他参数。

1）Transposition（Untransposed/Transposed）："未换相" 或 "换相"；

2）T_i：模式电流与相电流之间的转换矩阵（$I_{\text{phase}} = [T_i] \times [I_{\text{mode}}]$），不适用于转置线；

a. R：每个序列的单位长度电阻（Ω/km）。

b. L：每个序列的单位长度电感（H/km）。

c. C：每个序列的单位长度电容（F/km）。

3）可用信号列表。在采集时，传感器提供以下信号：

a. U（a，b，c）_ line label _ bus label："bus label"母线上每相的电压（V）。

b. I（a，b，c，n）_ line label _ bus label："bus label"母线上每相对地的电流（A）。

c. P _ line label _ bus label："bus label"母线上的有功功率（W）。

d. Q _ line label _ bus label："bus label"母线上的无功功率（var）。

2.2.2.2 双回六相CP型线路模型

双回六相CP型线路模型用于模拟具有相同路权（参与输送功率或传导电流的权利）的双回路线或两条线路。在模型选项中，两条线路放置在一起表示耦合线。HYPERSIM 软件中双回六相CP型线路模型图标如图 2-21 所示。

图 2-21 双回六相CP型线路模型图标

（1）参数描述。耦合传输线的参数与非耦合线的参数相同。唯一的区别是耦合传输线的模态变换矩阵是 6×6 阶矩阵，因为每束导体被认为是一个单独的相位。

（2）可用信号列表。在采集时，传感器提供以下信号：

1）U（a，b，c）_ line label _ bus label："bus label"母线上每相的电压（V）。

2）I（a，b，c）_ line label _ bus label："bus label"母线上每相对地的电流（A）。

3）P _ line label _ bus label："bus label"母线上的有效电源（W）。

4）Q _ line label _ bus label："bus label"母线上的有效电源（var）。

2.2.2.3 三回和四回CP型线路模型

三回 CP 模型用于模拟同一路径中的三重电路或三条线路，同样的推理适用于四线路。HYPERSIM 软件中三回和四回 CP 型线路模型图标如图 2-22 和图 2-23所示。

（1）参数描述。耦合传输线的参数与非耦合线路的参数化相同，这是因为每个导体都可以被认为具有单独的相位。唯一的区别是模态变换矩阵对于三回线而言是 9×9 阶，对于四回线而言是 12×12 阶。

（2）信号描述。

1）U（a，b，c）_ line label _ bus label： "bus label"母线上每相的电压（V）。

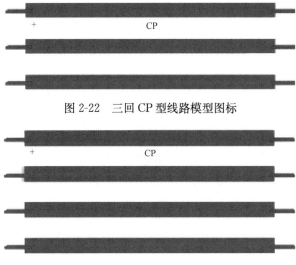

图 2-22　三回 CP 型线路模型图标

图 2-23　四回 CP 型线路模型图标

2）I（a，b，c）_ line label _ bus label："bus label"母线上每相对地的电流（A）。

三回和四回 CP 型线路模型参数设置界面如图 2-24 与图 2-25 所示。

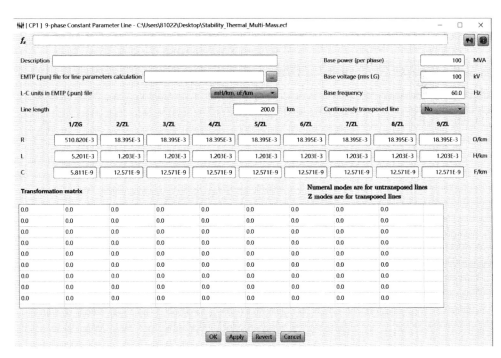

图 2-24　三回 CP 型线路模型参数设置界面

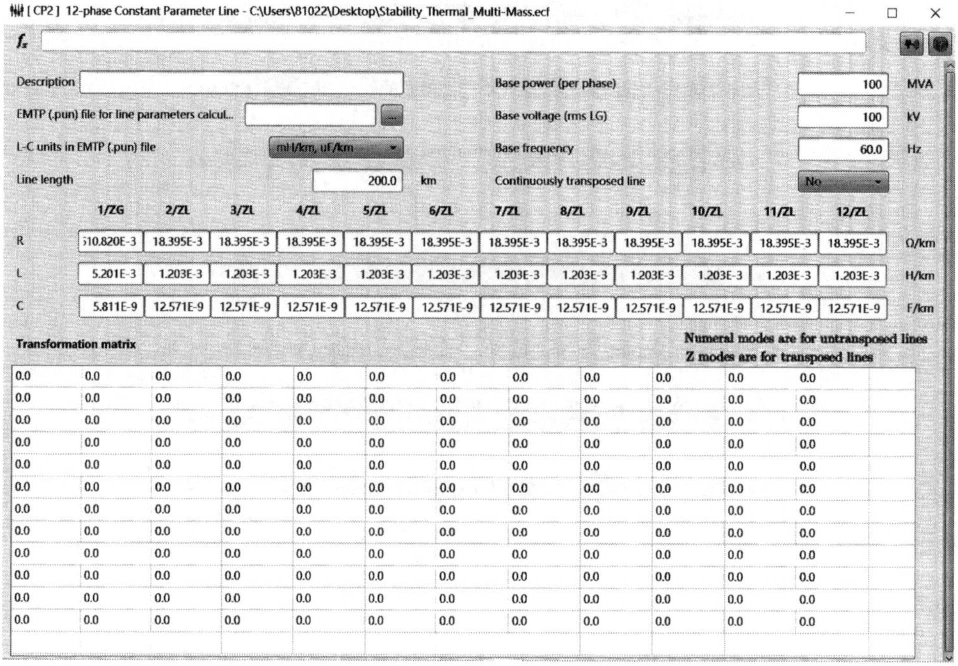

图 2-25　四回 CP 型线路模型参数设置界面

2.2.3　FD 型线路模型

由于大地的影响和导线的集肤效应，输电线路的阻抗通常随着频率的变化而变化。线路对不同的频率分量呈现出不同的传输特性。FD 模型考虑了线路的频率变化，模型中对特征阻抗和传播函数进行相关拟合来模拟参数的频变特性。

定义反行波公式为

$$\begin{cases} B_\mathrm{k}(\omega) = U_\mathrm{k}(\omega) - Z_\mathrm{eq}(\omega) I_\mathrm{k}(\omega) \\ B_\mathrm{m}(\omega) = U_\mathrm{m}(\omega) - Z_\mathrm{eq}(\omega) I_\mathrm{m}(\omega) \end{cases} \qquad (2\text{-}15)$$

式中：$B_\mathrm{k}(\omega)$ 为 k 点的反行波；$U_\mathrm{k}(\omega)$ 为 k 点的电压；$Z_\mathrm{eq}(\omega)$ 为阻抗的频域表达形式；$I_\mathrm{k}(\omega)$ 为 k 点的电流；$B_\mathrm{m}(\omega)$ 为 m 点的反行波；$U_\mathrm{m}(\omega)$ 为 m 点的电压；$I_\mathrm{m}(\omega)$ 为 m 点电流的频域表达形式。将反行波由频域变换到时域，可以得到

$$\begin{cases} b_\mathrm{k}(t) = \displaystyle\int_\tau^\infty f_\mathrm{m}(t-u) a_1(u)\,\mathrm{d}u \\ b_\mathrm{m}(t) = \displaystyle\int_\tau^\infty f_\mathrm{k}(t-u) a_1(u)\,\mathrm{d}u \end{cases} \qquad (2\text{-}16)$$

式中：$b_k(t)$ 是与 $B_k(\omega)$ 对应的时域形式；$b_m(t)$ 是与 $B_m(\omega)$ 对应的时域形式，$a_1(u)$ 为频域到时域的变换因子。令

$$\begin{cases} b_k(t) = E_{kh} \\ b_m(t) = E_{mh} \end{cases} \tag{2-17}$$

$$\begin{cases} e_k(t) = Z_{eq}(t) I_k(t) \\ e_m(t) = Z_{eq}(t) I_m(t) \end{cases} \tag{2-18}$$

将式（2-17）和式（2-18）代入式（2-15）中，可得到模域频变模型的基本公式，即

$$\begin{cases} U_k(t) = e_k(t) + E_{kh} \\ U_m(t) = e_m(t) + E_{mh} \end{cases} \tag{2-19}$$

由模域频变模型的基本公式可画出 FD 模型的基本等效电路图，如图 2-26 所示。

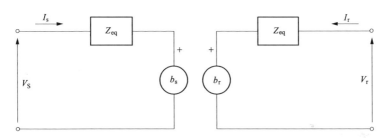

图 2-26　FD 模型的基本等效电路图

b—电纳；V_s—首端电压；I_s—首端电流；Z_{eq}—特征阻抗；b_s—从首端向末端看时的电纳；
b_r—从末端向首端看时的电纳；V_r—末端电压；I_r—末端电流

为了模拟输电线路的频变特性，FD 模型在频域内需对特征阻抗和传播函数进行拟合。

特征阻抗结构的表达式为

$$Z_{eq}(s) = H \frac{(s+z_1)(s+z_2)\cdots(s+z_n)}{(s+p_1)(s+p_2)\cdots(s+p_m)} \tag{2-20}$$

式中：z_1、z_2、$\cdots$、z_n 为 $Z_{eq}(s)$ 的 n 个极点；n 为极点的个数；p_1、p_2、$\cdots$、p_m 为 $Z_{eq}(s)$ 的 m 个零点；m 为零点的个数；H 为系数。

可进一步将传递函数改写为

$$e^{-\gamma(s)l} = \left\{ \frac{k_1}{s+p_1} + \frac{k_2}{s+p_2} + \cdots \frac{k_m}{s+p_m} \right\} e^{-s\tau} \tag{2-21}$$

需要说明的是，对于多导线输电线路采用 FD 模型时，首先需要经过相模变换，并且其采用的变换矩阵为实常数矩阵，不能考虑变换矩阵的频变特性。

FD 模型中线路的电阻、电容、电感均以分布参数表示，并且其在模域内拟合了输电线路的频变特性，是一种非常精确的线路模型。FD 模型在求解中需经过相模变换和反变换，而所采用的变换矩阵为某一特定频率下的变换矩阵，其为一常实数矩阵。

但是在不对称输电线路中，变换矩阵为随频率变化而变化的矩阵，故此时若采用 FD 模型模拟输电线路则会造成一定的误差，使得计算结果不准确。

FD 线路模型用于表示具有频率相关分布参数的传输线。HYPERSIM 软件中 FD 模型的主要图标如图 2-27～图 2-29 所示。

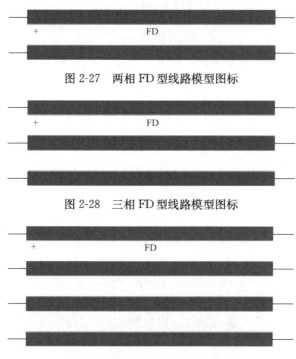

图 2-27　两相 FD 型线路模型图标

图 2-28　三相 FD 型线路模型图标

图 2-29　四相 FD 型线路模型图标

（1）基本参数。Length：线路长度（km）。

（2）模式参数。

1）Source of parameters（control panel，EMTP file）：指定参数的来源。

2）EMTP file：包含线路参数的 EMTP 文件的名称。

3）R_0：无限频率的模态电阻。

4）T_0：模态传播的延迟。

5）n_z：阻抗函数的极数和最大极数。

6）n_A：传播函数的极数和最大极数。

7）T_i：转换矩阵。

8）K_z：阻抗功能残差。

9）P_z：模态阻抗功能的极点。

10）K_A：模态传播函数的残差。

11）P_A：模态传播函数的极点。

（3）可用信号列表。在采集时，传感器提供的信号如下：

1）U＿bus label：母线电压（V）。

2）I（1，2，3）＿bus label＿（a，b，c）：每一相位的电流（A）。

3）Bhist＿line label＿bus label：等效电源的电压（V）。

（4）电缆参数的 EMTP 输入文件。根据其几何参数计算电缆线的电气参数由 EMTP 的 CABLE CONSTANTS 辅助模块完成。图 2-30 为计算由几何参数计算出的电缆线路参数的 EMTP 输入文件。

```
BEGIN NEW DATA CASE
C JFD SETUP
C  HVDC DC CABLE CONSTANT
C     CABLE CONSTANTS JFD SETUP
C     REVISION DATE  1996.06.13 (CA-3)  TYPE: PROTO-3
C                    (E=2.80)
CABLE CONSTANTS                          1
C --+----1----+----2----+----3----+----4----+----5----+----6----+----7----+----8
  2 -1  1  0  1  1  1    2
  3
C  NO.1
 12.50E-3 37.50E-3 60.00E-3 66.00E-3 73.60E-3 89.25E-3 94.00E-3
 2.16E-8    1.0    1.0    2.80 22.00E-8    1.0    1.0    2.3
 14.00E-8  10.0    1.0    4.0
     0.21      0.1     50700.0
.NODES       BUS1A   BUS2A   BUS1B   BUS2B
C
.FIT-S       30
C ---RHO------><-----FREQ---->IDEC>IPNT><length>
     0.21     0.0001   8  20 50700.0
BLANK ENDING FREQUENCY CARDS
BLANK
BLANK
```

图 2-30　传输线路的 EMTP 输入文件

生成的 EMTP 输出文件（＊.pun）包含 HYPERSIM 所需的电缆参数，用户可以使用此文件中的数据手动填写参数表单。但是，通过指定此文件所在的位置来提供 FD 线路的参数更便捷。用于两相 FD 模型的数据形式如图 2-32～图 2-34❶所示。

---

❶　两相 FD 模型的数据需要填写的数据一共三页。

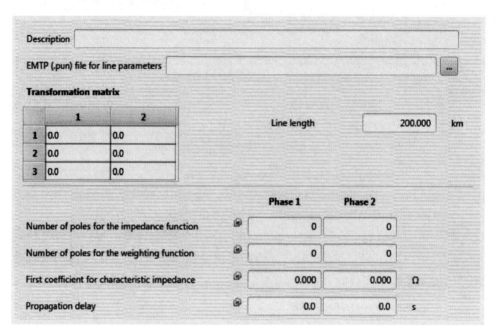

图 2-31　两相 FD 模型的数据（第一页）

	Impedance function coefficients			Impedance function poles	
	1	2		1	2
1	0	0	1	0	0
2	0	0	2	0	0
3	0	0	3	0	0
4	0	0	4	0	0
5	0	0	5	0	0
6	0	0	6	0	0
7	0	0	7	0	0
8	0	0	8	0	0
9	0	0	9	0	0
10	0	0	10	0	0
11	0	0	11	0	0
12	0	0	12	0	0
13	0	0	13	0	0
14	0	0	14	0	0
15	0	0	15	0	0
16	0	0	16	0	0
17	0	0	17	0	0
18	0	0	18	0	0
19	0	0	19	0	0
20	0	0	20	0	0

图 2-32　两相 FD 线路的数据（第二页）

Weighting function coefficients				Weighting function poles		
	1	**2**			**1**	**2**
1	0	0		**1**	0	0
2	0	0		**2**	0	0
3	0	0		**3**	0	0
4	0	0		**4**	0	0
5	0	0		**5**	0	0
6	0	0		**6**	0	0
7	0	0		**7**	0	0
8	0	0		**8**	0	0
9	0	0		**9**	0	0
10	0	0		**10**	0	0
11	0	0		**11**	0	0
12	0	0		**12**	0	0
13	0	0		**13**	0	0
14	0	0		**14**	0	0
15	0	0		**15**	0	0
16	0	0		**16**	0	0
17	0	0		**17**	0	0
18	0	0		**18**	0	0
19	0	0		**19**	0	0
20	0	0		**20**	0	0

图 2-33　两相 FD 线路的数据（第三页）

（5）线路的几何数据。图 2-34 给出了三相 FD 模拟线路的一种几何位置，不同的几何位置会对线路的参数产生影响，同时，图 2-35 给出导体束的一种布置方式，导体束的不同布置也会影响线路的电气参数。

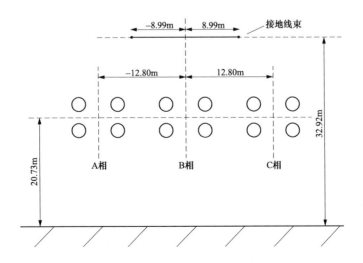

图 2-34　示例中 735kV 线路导线的分布

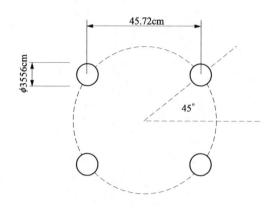

图 2-35　导体束的细节图

（6）电气参数计算及相关参数形式。根据图 2-34 和图 2-35 中的几何参数计算线路的电气参数由 LINE CONSTANTS 辅助 EMTP 模块完成。用于参数计算的 EMTP 输入文件如图 2-36 所示。

```
C
LINE CONSTANTS
C 34567890123456789012345678901234567890123456789012345678901234567890
C   1     2     3     4     5     6     7     8
LINE-MODEL     FD-LINE QREAL   LOG   0.1    20    5
METRIC
C ><SKN><RESIS ><><REACT >< DIAM >< HORIZ><VTOWER><VMID ><SEPAR ><ALPH><NAME><>
  10.375 0.0450 4        3.556  -12.80  20.73  20.73  45.72 45.0    4
  20.375 0.0450 4        3.556   0.00   20.73  20.73  45.72 45.0    4
  30.375 0.0450 4        3.556   12.80  20.73  20.73  45.72 45.0    4
  00.500 3.605  4        1.111  -8.99   32.92  32.92
  00.500 3.605  4        1.111   8.99   32.92  32.92
BLANK card terminates conductor cards
C FREQUENCY CARD
C 34567890123456789012345678901234567890123456789012345678901234567890
C   1     2     3     4     5     6     7     8
C RHO ><FREQUENC>< FCAR > <ICPR><IZPR> I<DISTKM> <IZ>IM<I><I><I><>
 100.     60.         200.0              1
.NODES        BUSP1K  BUSP1M  BUSN1K  BUSN1M  BUSN2K  BUSN2M
              BUSP2K  BUSP2M
.FIT-S        36
BLANK ENDING FREQUENCY CARDS
BLANK
BLANK
```

图 2-36　用于计算图 2-35 和图 2-36 中线路的 FD 模型的 EMTP 输入文件

生成的 EMTP 输出文件（∗.pun）包含 HYPERSIM 所需的电气线路参数。对应于图 2-36 中数据的".pun"文件如图 2-37 所示。

从图 2-37 的结果中得知，用户可以手动填写图 2-38～图 2-40 所示的数据格式。但是，通过指定此文件的位置来提供 FD 线路的参数更加便捷。

```
C LINE-MODEL       FD-LINE   QREAL    LOG    0.1    20    5
C METRIC
C  10.375 0.0450 4       3.556 -12.80 20.73 20.73 45.72 45.0     4
C  20.375 0.0450 4       3.556   0.00 20.73 20.73 45.72 45.0     4
C  30.375 0.0450 4       3.556  12.80 20.73 20.73 45.72 45.0     4
C  00.500 3.605 4       1.111  -8.99 32.92 32.92
C  00.500 3.605 4       1.111   8.99 32.92 32.92
C LINE LENGTH = 2.0000E+02  KM
C TRANSFORMATION MATRIX AT F = 6.0000E+01  HZ
C
 -1WED7_aESD7_a              1.             -2 3
    16    4.346535869960114296289E+02
 1.851419703226241325D+02 2.590514312325236460D+03 -3.127957343905229209D+03
 ...
 4.483556445570410142D+04 6.308395833257218328D+04 1.153384636619750963D+05
 5.251121673719295068D+05
 ...
 1.171430098321246533D+03 1.991595784569215539D+03 6.894394054349084399D+03
 3.159058128914844201D+04
    21    7.063849468252462494855E-04
 1.904258889256747349D-05 3.524754126773281711D-04 3.625569758395469073D-04
 ...
 4.910483664067133213D+04 5.673099278531855816D+04 5.678719061525723373D+04
 -2WED7_bESD7_b              1.             -2 3
    15    2.290210654237860012616E+02
 1.631088231880090405D+02 5.113431558652671924D+02 1.446861730977163461D+04
 ...
 3.214491323468353556D+01 5.052372264795839385D+01 3.620791801335191394D+01
    18    6.650718798908394858665E-04
 2.747596429699603377D-05 1.188730150254640149D-03 1.367079163808397179D-03
 ...
 2.117885375552492355D+04 6.931031794019443623D+04 3.128498942513289512D+05
 -3WED7_cESD7_c              1.             -2 3
    11    2.765657691309977750835E+02
 1.701832497454142583D+02 5.024925533556538539D+03 -5.873665913459929470D+03
 ...
 2.961376653035809170D+01 4.023101487974561678D+03
    20    6.703641528598947799982E-04
 2.503675227104941751D-05 1.053032514606297865D-03 1.074039267770130878D-03
 ...
 2.322205218597832572D+04 3.185514435311620400D+04 4.446687261054346163D+04
 1.485183292621208820D+05 2.191337673961671826D+05
C  Q MATRIX BY ROWS (IMAGINARY PART = 0)
 0.59520424 -0.41318575 -0.70710678
 0.00000000  0.00000000  0.00000000
 0.53987156  0.81151353 -0.00000001
 0.00000000  0.00000000  0.00000000
 0.59520425 -0.41318573  0.70710679
 0.00000000  0.00000000  0.00000000
```

图 2-37　与图 2-36 中输入文件相关的 EMTP ". pun" 文件

2. 2. 4　WB 型线路模型

　　为了克服 FD 模型中使用常数变换矩阵造成的误差，FD 模型中的特征阻抗和传播函数均直接在相域内进行拟合来反映线路参数的频变特性。为了获得相域拟合时的相关参数，首先仍然对 WB 模型进行相模变换，此时采用的变换矩阵为频变矩阵，变换后在模域内采用矢量拟合方法对传播函数和特征导纳进行拟合。

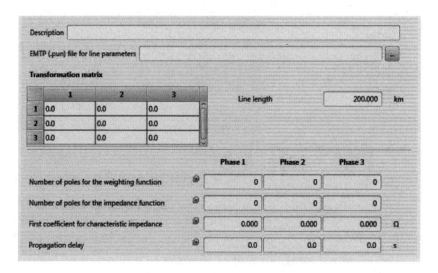

图 2-38　三相模型的数据形式（基本数据）

Impedance function coefficients				Impedance function poles			
	1	2	3		1	2	3
1	0	0	0	1	0	0	0
2	0	0	0	2	0	0	0
3	0	0	0	3	0	0	0
4	0	0	0	4	0	0	0
5	0	0	0	5	0	0	0
6	0	0	0	6	0	0	0
7	0	0	0	7	0	0	0
8	0	0	0	8	0	0	0
9	0	0	0	9	0	0	0
10	0	0	0	10	0	0	0
11	0	0	0	11	0	0	0
12	0	0	0	12	0	0	0
13	0	0	0	13	0	0	0
14	0	0	0	14	0	0	0
15	0	0	0	15	0	0	0
16	0	0	0	16	0	0	0
17	0	0	0	17	0	0	0
18	0	0	0	18	0	0	0
19	0	0	0	19	0	0	0
20	0	0	0	20	0	0	0

图 2-39　三相模型的数据形式（阻抗）

（1）在模域内对每个模传播函数进行矢量拟合，拟合公式为

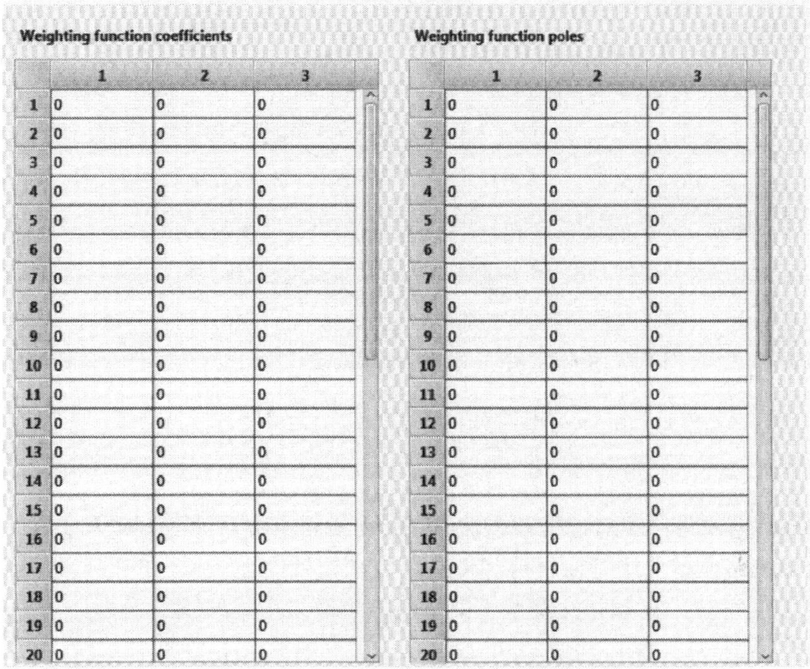

Weighting function coefficients

	1	2	3
1	0	0	0
2	0	0	0
3	0	0	0
4	0	0	0
5	0	0	0
6	0	0	0
7	0	0	0
8	0	0	0
9	0	0	0
10	0	0	0
11	0	0	0
12	0	0	0
13	0	0	0
14	0	0	0
15	0	0	0
16	0	0	0
17	0	0	0
18	0	0	0
19	0	0	0
20	0	0	0

Weighting function poles

	1	2	3
1	0	0	0
2	0	0	0
3	0	0	0
4	0	0	0
5	0	0	0
6	0	0	0
7	0	0	0
8	0	0	0
9	0	0	0
10	0	0	0
11	0	0	0
12	0	0	0
13	0	0	0
14	0	0	0
15	0	0	0
16	0	0	0
17	0	0	0
18	0	0	0
19	0	0	0
20	0	0	0

图 2-40 三相模型的数据形式（权重）

$$A_k^{\text{mode}}(s) = \sum_{m=1}^{N_k} \frac{c_{mk}}{s a_{mk}} e^{-s\tau k} \tag{2-22}$$

式中：$A_k^{\text{mode}}(s)$ 为模域内对每个模传播函数进行适量拟合的结果；m 表示阶数；N_k 表示最高阶数；c_{mk} 和 a_{mk} 为拟合系数；τ_k 为指数；s 为拟合变量。

（2）在相域内对传播函数矩阵的每个元素进行矢量拟合，拟合公式为

$$A_{i,j}(s) = \sum_{k=1}^{n} \left(\sum_{m=1}^{N_k} \frac{\overline{c}_{mk}}{s a_{mk}} e^{-s\tau k} \right) \tag{2-23}$$

（3）在相域内对特征导纳矩阵进行矢量拟合，可得特征导纳矩阵为

$$f(s) = d + \sum_{m=1}^{N} \frac{c_m}{s - a_m} \tag{2-24}$$

以上两式中：$A_{i,j}(s)$ 为拟合结果，i 和 j 分别表示矩阵的列和行；n 为最大行数；k 为行数的序列号；N_k 为第 k 行的最大列数；m 为拟合阶数；s 为相域表达因子；a_{mk} 为 s 的系数；$\overline{c}_{mk}$ 为分子；e 为底数；τ 为时间常数；$f(s)$ 为导纳矩阵；d 为直流分量；N 为最高拟合阶数；c_m 为分子；a_m 为零点。

对 WB 模型在时域内进行诺顿等效，如图 2-41 所示。

WB 模型等效电路图的等效公式可表示为

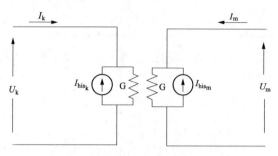

图 2-41　WB 模型等效电路图

$$I_k(n) = G \cdot U_k(n) - I_{his_k}(n) \tag{2-25}$$

$$I_{kr}(n) = I_k(n) - I_{ki}(n) \tag{2-26}$$

$$I_{ki}(n+1) = A * I_{mr}(n-\tau) \tag{2-27}$$

$$I_{his_k}(n+1) = Y'_c * U_k(n) - 2 \cdot I_{ki}(n+1) \tag{2-28}$$

式中：I_{his_k} 为线路首端对地等效电流；I_{his_m} 为线路末端对地等效电流。

WB 线路模型采用特征阻抗和传播函数在相域内进行拟合的方式来反映线路参数的频变特性。相域频变模型是到目前为止最为精确的线路模型。

WB 模型中的电阻、电感和电容也均为分布参数，它能够有效模拟对称和不对称输电线路以及交直流并列运行时输电线路的电气特性。

HYPERSIM 软件中 WB 线路模型的数据生成器模块与 WB 模型线路图标如图 2-42 和图 2-43 所示。

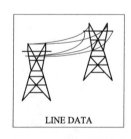

图 2-42　WB 线路模型
的数据生成器模块

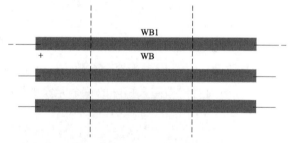

图 2-43　WB 线路模型的线路模块

WB 型线路模型需要借助 EMTP_RV 软件来建立，在 EMTP_RV 软件中找出 LINE DATA、WBFitter 和 WB line 三个模块，如图 2-44 所示。

（1）打开 LINE DATA 模块填入数据，界面如图 2-45 所示，需要准备的数据参数有：

1）相数（Phase Number）：将地线和输电线路总数填入 Number of conductors（wire）中，然后将线路依次编号。

2）直流电阻（DC resistance）：地线和输电线路的直流电阻。

3）线路外径（Outside diameter）：地线和输电线路的外径。

图 2-44   LINE DATA、WBFitter、WB line 模块

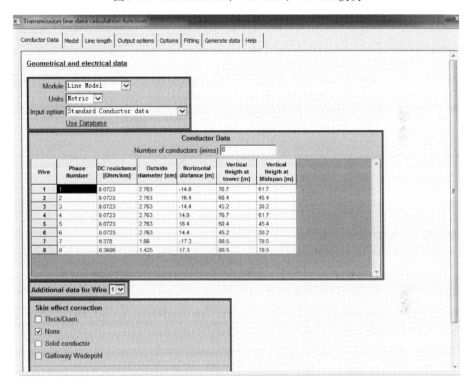

图 2-45   Line Data 模块数据框

4）水平距离（Horizontal distance）：地线或输电线路距参考线的距离。参考线几何位置可点 Help 按钮查看 conductor _ data 文件。

5）杆塔垂直高度（Horizontal distance）：线路悬挂点距地面的高度。

6）线路弧垂高度（Vertical Heigth at Midspan）：线路的弧垂与地面的高度。

（2）在 Model 模式选项中主要参数是选择 Wideband 选项，其他参数可以设置成默认值，如图 2-46 所示。

（3）在 Generate data 模式下勾选 "Run this case data file name"，如图 2-47 所示。

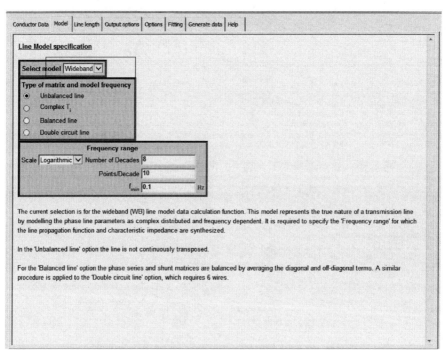

图 2-46　Model 数据框

图 2-47　Generate data 数据框

（4）其他选项根据实际情况灵活选取。然后点"OK"生成 LYZ 文件，如图 2-48 所示。

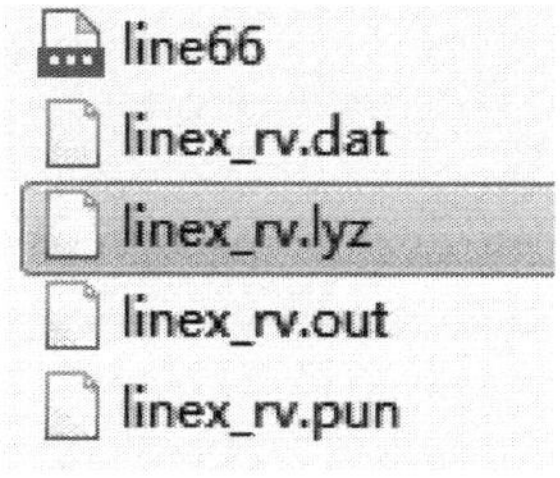

（5）然后双击 WB Fitter，模块自动加载 LYZ 文件，如果有多个 LYZ 文件，需要手动选择，如图 2-49 所示。

（6）点"OK"后，需要等一会模型，再计算输入的数据，当出现如图 2-50 所示界面，表示 WB Fitter 模块生成的数据已经成功。

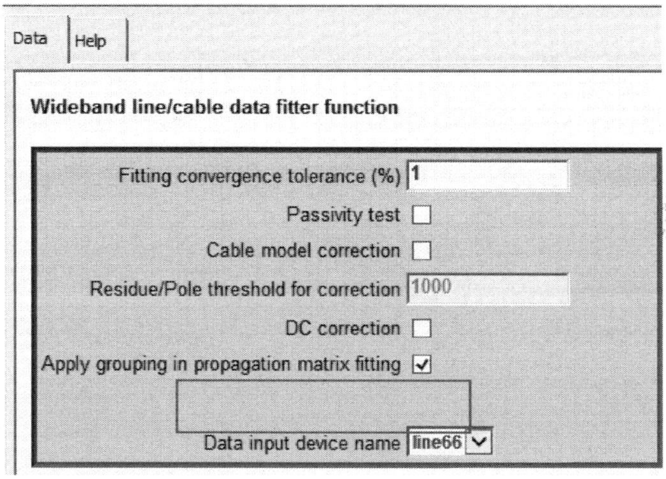

line66
linex_rv.dat
linex_rv.lyz
linex_rv.out
linex_rv.pun

图 2-48　LYZ 文件

图 2-49　DATA 数据框

图 2-50　WB Fitter 数据生成提示界面

（7）打开 WB 线路模块，在 EMTP. dat file 文件选项框中选择"line66. mod"文件（见图 2-51 和图 2-52），然后点"OK"定即可。

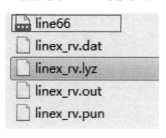

图 2-51　mod 文件

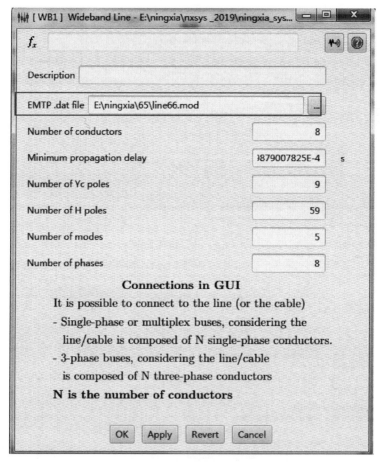

图 2-52　mod 加载界面

2.3　线路重构建模

以 CP 型线路模型重构为例，介绍搭建操作流程。

（1）新建空白文档，如图 2-53 所示。

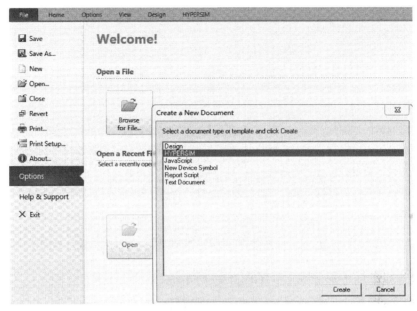

图 2-53　新建空白文档

（2）在软件界面右侧元器件库中找到 Network Lines and Cables，如图 2-54 所示。

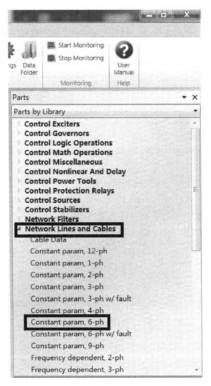

图 2-54　元件库

（3）将 Constant paramount 6-ph 和 Line Data 分别拖拽到新建空白文档中，如图 2-55 所示。

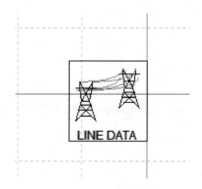

图 2-55 Line Data 模块

（4）双击打开 Line Data，如图 2-56 所示。

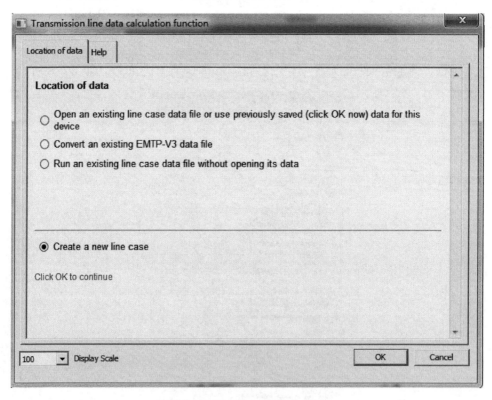

图 2-56 Line Data 模块主界面

（5）点 OK 进入下一步，在 Input option 中选中 Conductor data for Line Rebuild 其他选项按图中设置，如图 2-57～图 2-60 所示。

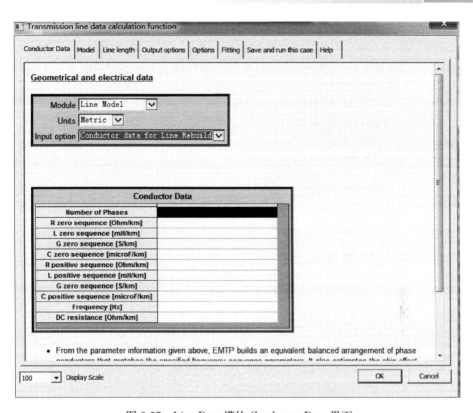

图 2-57　Line Data 模块 Conductor Data 界面

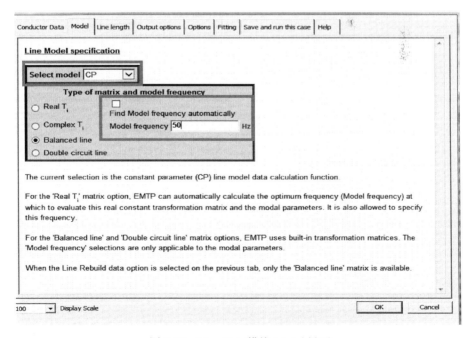

图 2-58　Line Data 模块 Model 界面

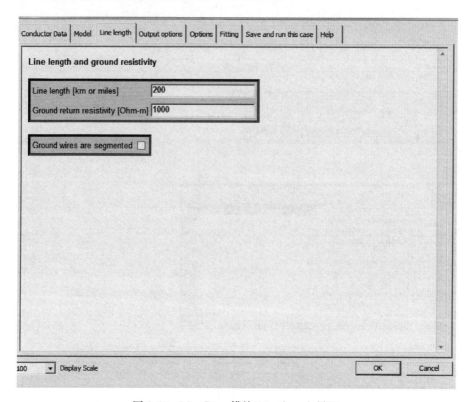

图 2-59　Line Data 模块 Line length 界面

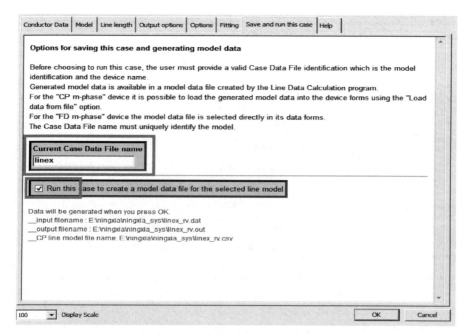

图 2-60　Line Data 模块 Save and run this case 界面

（6）将生成的×××.pun 文件加载进入 CP 线路中，加载成功后 line lengh
的数值会变化，说明加载成功，如图 2-61 所示。

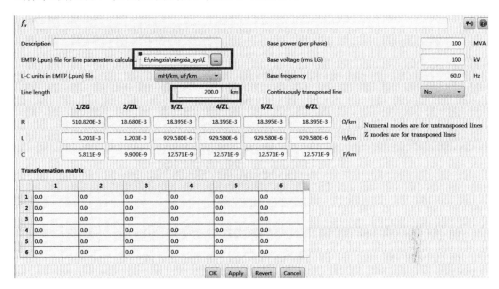

图 2-61　数据加载

3 变压器建模

在 HYPERSIM 软件中，变压器模型主要包含单相变压器、三相变压器、带有分接头的变压器以及测量变压器等。根据铁芯材料的非线性饱和特性，可分为线性变压器与可饱和变压器模型，并可兼容单相/三相与两绕组/三绕组的模型选择。

3.1 线性变压器模型

线性变压器是指忽略变压器铁芯饱和特性的一种理想化变压器，如图 3-1 所示，在实际工程问题计算过程中，若变压器铁芯的磁饱和特性对所关注的问题本身影响较小，可以选择线性变压器进行建模，能够简化模型，显著提升计算效率。本节以三相三绕组线性变压器为例，进行相关参数的设置介绍。

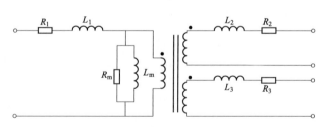

图 3-1　线性变压器（三绕组）原理图

3.1.1　模型图标

线性变压器模型主要分为单相变压器与三相变压器两种，软件同时提供两绕组与三绕组进行选择，其模型如表 3-1 所示。

表 3-1 线性变压器模型

名　　称	模　型　图　标
两绕组单相串联线性变压器 2-Winding 1-Phase Linear Transformer	
两绕组三相线性变压器 2-Winding 3-Phase Linear Transformer	
三绕组三相线性变压器 3-Windings 3-Phase Linear Transformer	
三绕组（第三绕组为 Δ 型）三相线性变压器 3-Windings 3-Phase Linear Transformer with Internal Tertiary	
两绕组三相串联线性变压器 2-Winding 3-Phase series Linear Transformer	
两绕组三相串联/串联线性变压器 2-Winding 3-Phase Series/Series Linear Transformer	
三绕组 Z 型三相线性变压 3-Winding 3-Phase Zigzag Linear Transformer	

3.1.2 通用参数设置

在 HYPERSIM 软件中，变压器模型通用参数主要包括绕组参数、励磁参数、基础参数、中性点阻抗参数等，本节以三相三绕组线性变压器为例，进行相关参数的设置介绍，参数设置界面如图 3-2 所示。

3.1.2.1 绕组参数

（1）Primary/Secondary/Tertiary connection：一次/二次/三次绕组接线方式，本软件提供以下接地方式：

1）Y ground：星型接地。

2）Y floating：星型悬空。

3）Y neutral：星型中性点阻抗接地。

4）Delta lead：超前 30°的三角型连接。

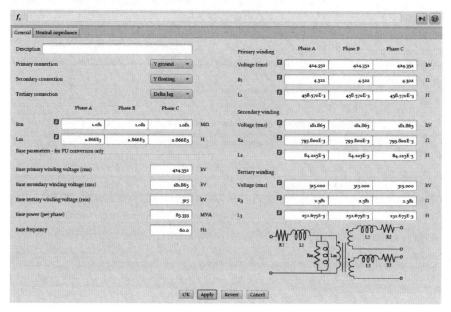

图 3-2　三绕组三相线性变压器通用参数设置界面

5）Delta gnd：滞后 30°的三角型连接。

6）Delta lag：三角型接地。

（2）Primary/Secondary/Tertiary winding voltage（rms）：一次/二次/三次绕组额定电压（有效值，kV）。

（3）R_1/R_2/R_3，绕组电阻（Ω）。

（4）L_1/L_2/L_3，绕组漏电感（H）。

3.1.2.2　励磁参数

励磁参数是构成变压器 T 型等效电路模型的基本参数，当变压器在额定电压下运行时，铁芯工作处于非饱和状态，可视之为常数，按照线性电路进行分析和计算。

（1）Magnetization resistance-Rm：励磁等效电阻（MΩ）励磁电阻 Rm 反映了变压器铁芯的损耗，即磁滞损耗和涡流损耗。

（2）Magnetization inductance-Lm：励磁等效电感（H）。

3.1.2.3　基础参数

基础参数包含变压器基准电压、功率以及频率参数。

（1）Base primary winding voltage（rms）：变压器一次侧基准电压（有效值，kV）。

（2）Base secondary winding voltage（rms）：变压器二次侧基准电压（有效值，kV）。

（3）Base tertiary winding voltage（rms）：变压器三次侧基准电压（有效值，kV）。

（4）Base power（per phase）：变压器每相的基准功率（MVA）。

（5）Base frequency：基准频率（Hz）。

3.1.2.4 中性点阻抗参数设置

中性点阻抗参数设置仅适用于 Z 型变压器，参数设置界面如图 3-3 所示。

（1）R，中性点电阻（Ω）。

（2）L，中性点电感（H）。

（3）C，中性点电容（F）。

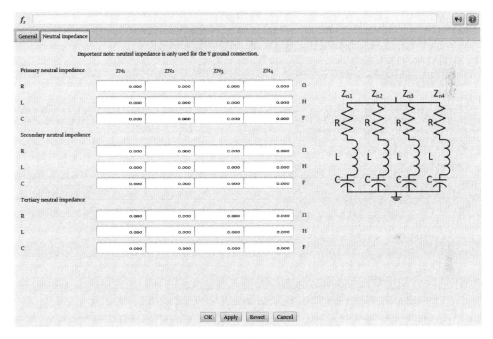

图 3-3 中性点阻抗参数设置界面

3.1.3 可用信号列表

对线性变压器模型进行分析或处理后可获得的信号如表 3-2 所示。

表 3-2 线性变压器可用信号列表

信号名	描 述
ILMAG（a，b，c）	各相的磁通量
IPRIM（a，b，c）	各相的磁化电流
ISEC2（a，b，c）	各相一次侧电流
ISEC3（a，b，c）	各相二次侧电流

3.2 可饱和变压器模型

可饱和变压器是指考虑变压器铁芯的饱和特性的一种变压器模型，其原理如图 3-4 所示。可饱和变压器模型更贴近实际变压器的输入输出特性，能够精确计算投切变压器过程中的过电压、过电流等工程问题。

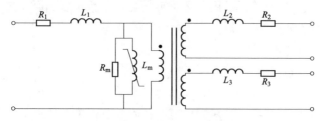

图 3-4　三绕组三相可饱和变压器原理图

3.2.1 模型图标

可饱和变压器模型主要分为单相变压器与三相变压器两种，同时提供两绕组与三绕组进行选择，其模型如表 3-3 所示。

表 3-3　　　　　　　　　　　　可饱和变压器模型

名　　称	模型图标
两绕组单相串联可饱和变压器 2-Winding 1-Phase Series Saturable Transformer	
三绕组单相串联可饱和变压器 3-Winding 1-Phase Series Saturable Transformer	
两绕组三相可饱和变压器 2-windings 3-phase saturable transformer	
三绕组三相线性变压器 3-windings 3-phase saturable transformer	
三绕组（第三绕组为 Δ 型）三相可饱和变压器 3-Windings 3-Phase saturable Transformer with Internal Tertiary	
两绕组三相可饱和串联变压器 2-Winding 3-Phase series saturable Transformer	

3.2.2 通用参数设置

可饱和变压器模型的通用参数设置与线性变压器相似，但需要另行设置饱和度参数与磁滞参数，本节以三相三绕组可饱和变压器为例，进行相关参数的设置介绍，参数设置界面如图3-5所示。

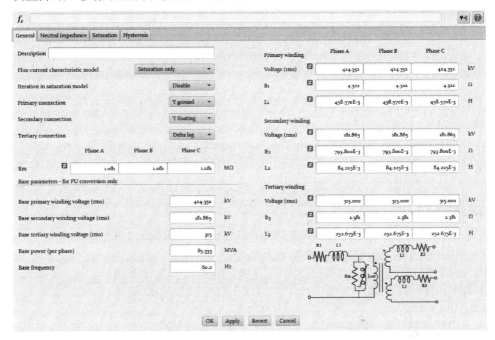

图 3-5 三相三绕组可饱和变压器通用参数设置界面

3.2.2.1 绕组参数

（1）Primary/Secondary/Tertiary connection：一次/二次/三次绕组接线方式，本软件提供以下接地方式：

1）Y ground：星型接地。

2）Y floating：星型悬空。

3）Y neutral：星型中性点阻抗接地。

4）Delta lead：超前30°的三角型连接。

5）Delta gnd：滞后30°的三角型连接。

6）Delta lag：三角型接地。

（2）Primary/Secondary/Tertiary winding voltage（rms）：一次/二次/三次绕组额定电压有效值（kV）。

（3）R_1/R_2/R_3：绕组电阻（Ω）。

（4）L_1/L_2/L_3：绕组漏电感（H）。

3.2.2.2 磁化阻抗参数

由于变压器铁芯具有饱和特性，励磁曲线往往呈非线性，励磁等效电感需要在饱和度参数设置界面通过添加非线性励磁曲线进行设置。

（1）Magnetization resistance-Rm：磁路铁损等效电阻（MΩ）。

（2）Flux-current characteristic model：磁通-电流特征模型，本软件励磁曲线可兼容以下两种模式：

1）Saturation only：仅饱和；

2）Saturation and hysteresis：饱和并包含磁滞效益。

3.2.2.3 基础参数

（1）Base primary winding voltage（rms）：变压器一次侧基准电压有效值（kV）。

（2）Base secondary winding voltage（rms）：变压器二次侧基准电压有效值（kV）。

（3）Base tertiary winding voltage（rms）：变压器三次侧基准电压有效值（kV）。

（4）Base power（per phase）：变压器每相的基准功率（MVA）。

（5）Base frequency：基准频率（Hz）。

3.2.3 饱和度参数

饱和度参数设置界面如图 3-6 所示，通过添加坐标点形成不考虑磁滞作用的

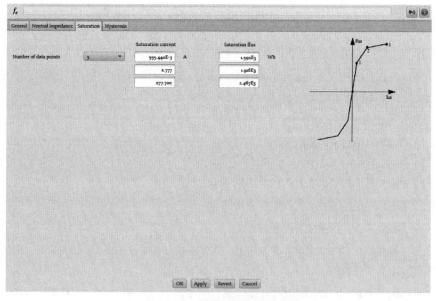

图 3-6 饱和度参数设置界面

理想励磁曲线，软件默认经过原点（0，0）。

（1）Number of points：坐标点数，表示用于生成磁通－电流特性曲线的散点数，仅需曲线坐标轴第一象限部分，第三象限部分通过软件对称自动生成。

（2）Saturation current：饱和曲线电流值（A）。

（3）Saturation flux：饱和曲线的磁通值（Wb）。

3.2.4 磁滞参数设置

由于磁性体的磁化存在着明显的不可逆性，当铁磁体被磁化到饱和状态后，若将磁场强度由最大值逐渐减小，其磁感应强度不是循原来的途径返回，而是沿着比原来的途径稍高的一段曲线而减小，当磁场强度为 0 时，磁感应强度并不等于零，即磁性体中磁感应强度的变化滞后于磁场强度的变化。

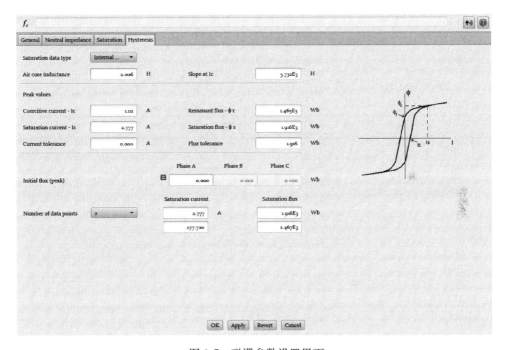

图 3-7 磁滞参数设置界面

通过设置励磁曲线的磁滞参数，能够更加真实准确仿真变压器铁芯的饱和特性，磁滞参数设置界面如图 3-7 所示。

（1）Saturation data type：饱和数据类型，本软件兼容两种数据类型：

1）Internal equation：自耦模式。

2）Series of segments：串联模式 。

（2）Air core inductance：空载铁芯电感（H）。

(3) Slope at Ic：矫顽电流下的磁通斜率（H）。

(4) Coercitive current-Ic：零磁通时的正矫顽电流（A）。

(5) Saturation current-Is：饱和区中第一个点的当前值（A）。

(6) Remanant flux-ϕr：零电流时的正剩磁通量（Wb）。

(7) Saturation flux-ϕs，曲线接近渐近的饱和电感值（Wb）。

(8) Current toleranc：容差电流（A）。

(9) Flux tolerance：容差磁通（Wb）。

(10) Initial flux (peak)：初始通量（峰值，Wb）。

(11) Number of data points：表示当前磁通饱和区中的段数。

(12) Saturation current：饱和曲线的每个段的电流值（A）。

(13) Saturation flux：饱和曲线的每个段的通量值（Wb）。

3.2.5 可用信号列表

对可饱和变压器模型进行分析或处理后，可获得的信号如表 3-4 所示。

表 3-4 可饱和变压器可用信号列表

信号名	描　　述
FLUX (a, b, c)	各相的磁通量
IMAG (a, b, c)	各相的磁化电流
IPRIM (a, b, c)	各相一次侧电流
ISEC2 (a, b, c)	各相二次侧电流
ISEC3 (a, b, c)	各相三次侧电流
SEG (a, b, c)	饱和磁化曲线的段号： (1) 编号是从负饱和区的最后一段开始设置为正值，初始值为 1。 (2) 在滞后模型中，编号在正负饱和区分别从 1 和 −1 开始。在滞后区域中，它采用空值

3.3 带分接头的变压器模型

带分接头的变压器能够通过调节分接头的连接方式改变绕组的匝数比，从而控制变压器的输出电压，常应用于搭建直流工程的换流变压器模型。

3.3.1 模型图标

所有带分接头的变压器模型均为可饱和型变压器模型，其模型如表 3-5 所示。

表 3-5	带分接头的变压器模型	
名 称		模型图形
带分接开关和去耦元件的换流变压器 Converter transformer with tap changer and decoupling element		
带分接开关的两绕组可饱和变压器 2-Wingding Saturable transformer with tap changer		
带分接开关的三绕组可饱和变压器 3-Wingding Saturable transformer with tap changer		

3.3.2 通用参数设置

带分接头的变压器模型通用参数、饱和度参数、滞后饱和度参数与可饱和变压器设置方法相似，其参数设置界面分别如图 3-8～图 3-10 所示，参数设置方法详见 3.2 节内容。

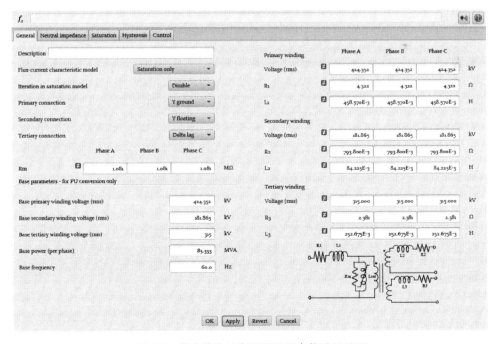

图 3-8 带分接头的变压器通用参数设置界面

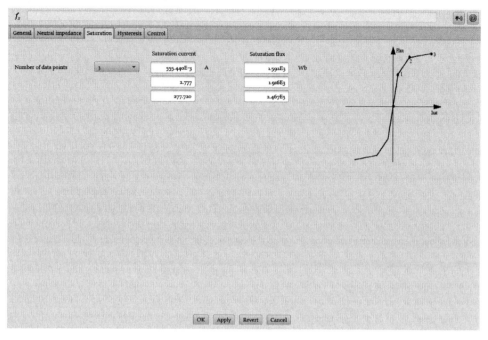

图 3-9　带分接头的变压器饱和度参数设置界面

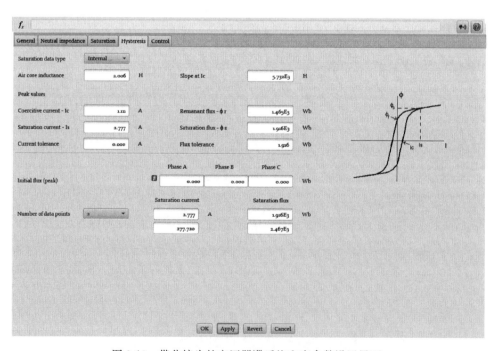

图 3-10　带分接头的变压器滞后饱和度参数设置界面

3.3.3 分接头控制参数设置

本软件可通过改变变压器变比来模拟改变分接头的连接方式，分接头改变序列及其相关参数如图 3-11 所示。

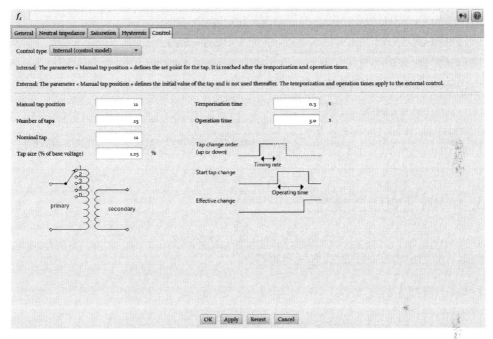

图 3-11 带分接头的变压器控制参数设置界面

（1）Control type，控制类型，本软件兼容两种控制模型：

1）Internal（control model）：内部控制。

2）External（input pins）：外部控制。

（2）Manual tap position：手动接头位置（可在模拟过程中更改）。

（3）Number of taps：分接头数量。

（4）Tap size（% of base voltage）：接头电压增量/一次初始电压百分比。

（5）Temporisation time：信号指令时延。

（6）Operation time：接头操作时间。

3.3.4 可用信号列表

对带分接头的变压器模型进行分析或处理后，可获得的信号如表 3-6 所示。

表 3-6 带分接头的变压器可用信号列表

信号名	描　述
D	"下调接头位置"的控制输入或者内部指令
U	"上调接头位置"的控制输入或者内部指令
Tap	接头位置
FLUX（a，b，c）	各相的磁通量
IMAG（a，b，c）	各相的磁化电流
IPRIM（a，b，c）	各相一次侧电流
ISEC2（a，b，c）	各相二次侧电流
ISEC3（a，b，c）	各相三次侧电流
SEG（a，b，c）	饱和磁化曲线的段号： （1）编号是从负饱和区的最后一段开始设置为正值，初始值为1。 （2）在滞后模型中，编号在正负饱和区分别从1和-1开始。在滞后区域中，它采用空值

3.4　测量变压器模型

电力系统中常用的互感器可分为电流互感器和电压互感器，其中，电压互感器可分为电容式与电磁式电压互感器。

3.4.1　模型图标

在 HYPERSIM 软件中内置三种测量变压器模型，分别是电容式电压互感器、电磁式电压互感器和电流互感器，模型如表 3-7 所示。

表 3-7 测量变压器模型

名　称	模型图形
电磁式电压互感器 Voltage Transformer with Magnetic Coupling	
电容式电压互感器 Voltage Transformer with Capacitive Coupling	
电流互感器 Current Transformer	

3.4.2 电磁式电压互感器模型

电磁式电压互感器通用参数设置界面如图 3-12 所示。电磁式电压互感器的一次绕组直接并联于一次回路中，一次绕组上的电压取决于一次回路上的电压，二次绕组与一次绕组无电的耦合，而是通过磁耦合。二次绕组通常接的负载较小，而且是恒定的。电磁式电压互感器提供三种绕组连接方式，如图 3-13 所示，可根据工程实际情况进行设置。

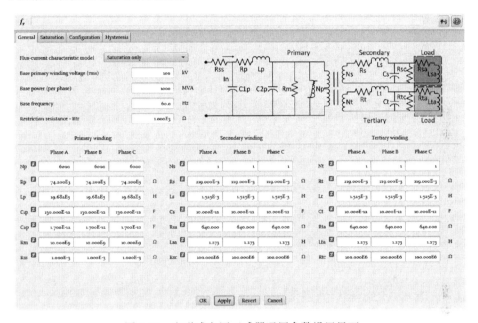

图 3-12 电磁式电压互感器通用参数设置界面

（1）Flux-current characteristic model：磁通-电流特征模型，其饱和特性兼容两种模式：

1）Saturation only：仅饱和。

2）Saturation and hysteresis：饱和并包含磁滞效益。

（2）Base primary winding voltage（rms）：变压器一次侧基准电压（有效值，kV）。

（3）Base power（per phase）：变压器每相的基准功率（MVA）。

（4）Base frequency：基准频率（Hz）。

（5）Restriction resistance-Rtr：限制阻抗（Ω）。

（6）Np/Ns/Nt：一次/二次/三次绕组匝数。

（7）Rp/Rs/Rt：一次/二次/三次等效电阻（Ω）。

（8）Lp/Ls/Lt：一次/二次/三次等效漏电感（H）。

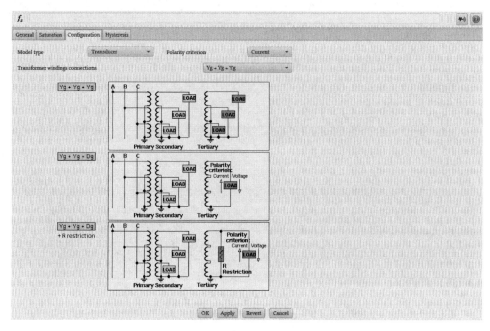

图 3-13　电磁式电压互感器的绕组连接方式设置界面

（9）C_{1p}、$C_{2p}/C_s/C_t$：一次/二次/三次杂散电容（F）。

（10）Rm/Rsc/Rtc：磁化损耗的电阻（Ω）。

（11）Rsa/Lsa、Rta/Lta：负载电阻（Ω）和负载电感（H）。

3.4.3　电容式电压互感器模型

电容式电压互感器是由串联电容器分压，再经电磁式互感器降压和隔离，作为表计、继电保护等的一种电压互感器，主要结构包括电容分压器、中间变压器、补偿电抗器、阻尼器等，后三部分总称为电磁单元，其参数设置界面如图 3-14 所示。

（1）C_1/C_2：分压器的电容（F）。

（2）Rc/Lc/Cc：调谐电路的电阻（Ω）、电容（F）和电感（H）。

（3）R/RL/LL：负载电阻（Ω）和负载电感（H）。

（4）Np：一次绕组匝数（默认值 18240）。

（5）Rp/Lp：漏电阻（Ω）和漏电感（H）。

（6）Rm：磁化损耗的电阻（Ω）。

（7）Cp：杂散电容（F）。

（8）Ns：二次绕组匝数（默认值 100）。

（9）Rs/Ls：漏电阻（Ω）和电感（H）。

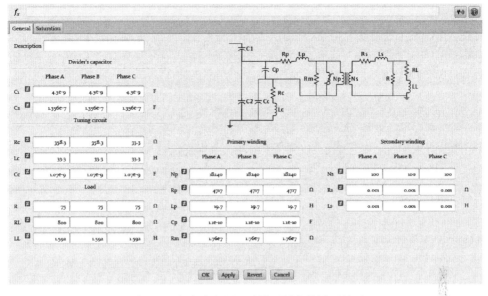

图 3-14　电容式电压互感器通用参数设置界面

3.4.4　电流互感器模型

电流互感器模型通用参数设置界面如图 3-15 所示。电流互感器是由闭合的铁芯和绕组组成，串在需要测量的电流的线路中，工作状态接近短路，其绕组连接方式可通过图 3-16 所示界面进行设置。

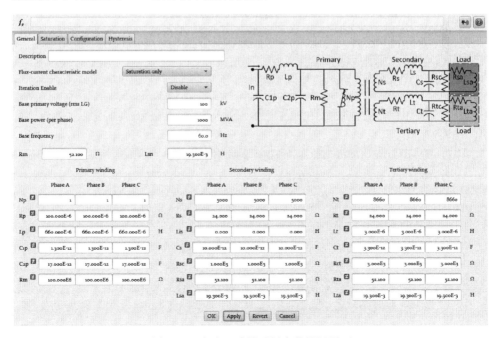

图 3-15　电流互感器通用参数设置界面

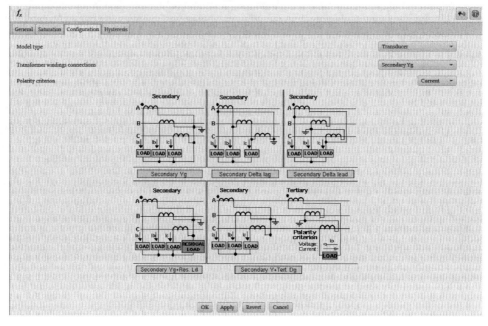

图 3-16　电流互感器绕组连接方式设置界面

（1）Flux-current characteristic model：磁通-电流特征模型，其饱和特性兼容两种模式：

1）Saturation only：仅饱和。

2）Saturation and hysteresis：饱和并包含磁滞效益。

（2）Iteration in saturation model：饱和参数迭代计算。

1）Enable：采用迭代计算。

2）Disable：不采用迭代计算。

（3）Base primary winding voltage（rms）：变压器一次侧基准电压有效值（kV）。

（4）Base power（per phase）：变压器每相的基准功率（MVA）。

（5）Base frequency：基准频率（Hz）。

（6）Restriction resistance-Rtr：限制阻抗（Ω）。

（7）Np/Ns/Nt：一次/二次/三次绕组匝数。

（8）Rp/Rs/Rt：一次/二次/三次等效电阻（Ω）。

（9）Lp/Lis/Lt：一次/二次/三次等效漏电感（H）。

（10）C_{1p}、$C_{2p}/C_s/C_t$：一次/二次/三次杂散电容（F）。

（11）$R_m/R_{sc}/R_{tc}$：磁化损耗的电阻（Ω）。

（12）Rsa/Lsa、Rta/Lta：负载电阻（Ω）和负载电感（H）。

3.4.5　可用信号列表

对测量变压器模型进行分析或处理后可获得信号如表 3-8 所示。

表 3-8　　　　　　　　　　　　　　测量变压器可用信号列表

信号名	描　述
VOUT（a，b，c）	各相的输出电压
VMAG（a，b，c）	各相磁分路的电压
IMAG（a，b，c）	各相的磁化电流
FLUX（a，b，c）	各相的磁通量
VLOADSEC（a，b，c，n）	二次绕组负载电压
VLOADTERT（a，b，c，n）	三次绕组负载电压
ILOADSEC（a，b，c，n）	二次绕组负载电压
ILOAD TERT（a，b，c，n）	三次绕组负载电压
ILOAD TERT（0）	饱和磁化曲线的段号： （1）编号是从负饱和区的最后一段开始设置为正值，初始值为1。 （2）在滞后模型中，编号在正负饱和区分别从 1 和 -1 开始。在滞后区域中，它采用空值

3.5　自耦变压器模型

自耦变压器的一、二次绕组间既有磁的耦合，还有电的直接联系。一次绕组作为公共绕组，二次绕组作为串联绕组，三次绕组起到滤除三次谐波电压、用来供无功补偿设备及站用电用。就端点条件而言，自耦变压器可完全等同于普通三绕组变压器。因此，自耦变压器的短路阻抗的计算和处理方法完全等同于普通三绕组变压器。HYPERSIM 自耦变压器模型电路结构原理如图 3-17 所示。

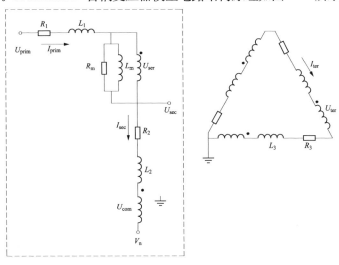

图 3-17　自耦变压器原理图

3.5.1 模型图标

自耦变压器模型如表 3-9 所示。

表 3-9 自耦变压器模型图标

两绕组三相自耦变压器 2-Winding 3-Phase Saturable Autotransformer with Internal Tertiary	

3.5.2 通用参数设置

自耦变压器是一次、二次无须绝缘的特种变压器，即输出和输入共用一组线圈的特殊变压器，其通用参数设置界面如图 3-18 所示。

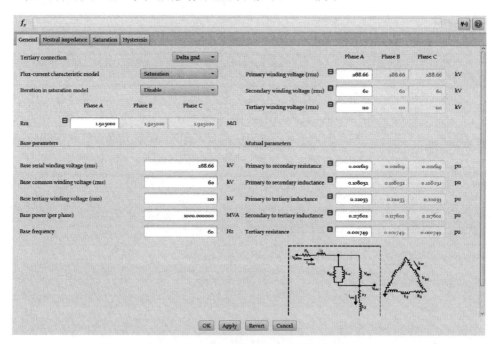

图 3-18 自耦变压器通用参数设置界面

（1）Tertiary connection：三次绕组连接，本软件提供三种绕组连接模式：Delta lead，超前 30°的三角型连接；Delta gnd，滞后 30°的三角型连接；Delta lag，三角型接地。

（2）Flux-current characteristic model，磁通-电流特征模型，其饱和特性兼容两种模式：Saturation only，仅饱和；Saturation and hysteresis，饱和并包含磁滞效益。

（3）Iteration in saturation model，饱和参数迭代计算，本软件可选择是否采用迭代计算模式：Enable，采用迭代计算；Disable，不采用迭代计算。

（4）Magnetization resistance-Rm：磁路铁损等效电阻（MΩ）。

（5）Base serial winding voltage（rms）：串联绕组基准电压（有效值，kV）。

（6）Base common winding voltage（rms）：共用绕组基准电压（有效值，kV）。

（7）Base tertiary winding voltage（rms）：三次绕组基准电压（有效值，kV）。

（8）Base power（per phase）：变压器每相的基准功率（MVA）。

（9）Base frequency：基准频率（Hz）。

（10）Primary winding voltage：一次绕组电压。

（11）Secomdary winding voltage：二次绕组电压。

（12）Tertiary winding voltage：三次绕组电压。

（13）Primary to secondary resistance（p.u.），R12：一、二次绕组间等效电阻（标幺值）。

（14）Primary to secondary inductance（p.u.），L12：一、二次绕组间等效电感（标幺值）。

（15）Primary to tertiary inductance（p.u.），L13：一、三次绕组间等效电感（标幺值）。

（16）Secondary to tertiary inductance（p.u.），L23：二、三次绕组间等效电感（标幺值）。

（17）Tertiary resistance（p.u.），R_3：三次绕组等效电阻（标幺值）。

注意：HYPERSIM 自耦变压器模型所需要输入的阻抗参数为等效阻抗，等效电抗不是各绕组本身的漏抗，它们综合反映自漏抗与互漏抗的影响。

3.5.3 可用信号列表

对自耦变压器模型进行分析或处理后可获得信号如表 3-10 所示。

表 3-10 自耦变压器可用信号列表

信号名	描 述
FLUX（a，b，c）	各相的磁通量
IMAG（a，b，c）	各相的磁化电流
IPRIM（a，b，c）	各相一次侧电流
ISEC2（a，b，c）	各相二次侧电流

信号名	描　　述
ISEC3（a，b，c）	各相三次侧电流
SEG（a，b，c）	饱和磁化曲线的段号： （1）编号是从负饱和区的最后一段开始设置为正值，初始值为 1。 （2）在滞后模型中，编号在正负饱和区分别从 1 和 -1 开始。在滞后区域中，它采用空值

4 旋转电机建模

4.1 简介

HYPERSIM 提供三种不同的同步涡轮发电机模型：水轮发电机、汽轮发电机和交叉复合式汽轮机发电机，每种模型都包含了各种模块，如涡轮机、励磁系统、稳定器和轴系等模块，每个模块功能完整齐全。而且，用户也可以根据自己的研究需求，利用自定义建模方法建立子模块。HYERSIM 中水轮发电机、汽轮发电机和交叉复合式汽轮发电机模型的图标如图 4-1 所示。

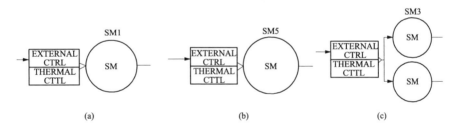

图 4-1　HYPERSIM 中三种同步发电机模型图标
（a）水轮发电机；（b）汽轮发电机；（c）交叉复合式汽轮发电机

三种发电机的同步机、励磁、稳定器模块都是相同的，汽轮机具有锅炉模型，水轮发电机包含水轮机的模型。轴系方面，水轮机是单质量块模型，而汽轮机最大可以建立 10 块质量块模型，另外对于交叉复合式涡轮发电机模块化模型，目前 HYPERSIM 可提供的功能非常有限，只有调速器可以在外部建模，三种发电机模型差异如表 4-1 所示。

表 4-1　　　　　　　　　HYPERSIM 不同发电机模型差异

子系统	水轮发电机	汽轮机发电机	交叉复合汽轮发电机
同步发电机	1	1	2
励磁系统	1	1	2

续表

子系统	水轮发电机	汽轮机发电机	交叉复合汽轮发电机
稳定剂	1	1	2
锅炉	—	1	1
轴	单质量块	10 质量块	2×5 质量块
水轮机	1	—	—
单轴汽轮机	—	1	—
交叉复合汽轮机	—	—	1
调速器（水轮机）	1	—	—
调速器（汽轮机）	—	1	—
调速器（交叉复合涡轮机）	—	1	—

4.2　同步机模型

在 HYPERSIM 中，同步电机主要采取 dq 坐标系下的方程式作为数学模型，即派克（Park）方程，电压、功率及电磁转矩等参数的计算方程可以在相关电力系统分析书中查到，此书不再详细叙述。

4.2.1　通用参数设置

同步发电机通用控制参数包括额定功率、电压及频率等基本信息，其填写界面如图 4-2 所示。

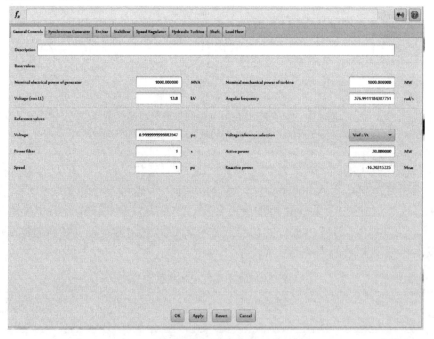

图 4-2　同步机通用可编辑参数填写界面

图 4-2 中同步机通用可编辑参数含义如下。

（1）Nominal electrical power of generator：发电机的基本额定视在功率（MVA）。

（2）Nominal mechanical power of turbine：涡轮机的基本额定机械功率（MW）。

（3）Voltage：机端电压（线电压有效值，kV）。

（4）Angular：角频率（rad/s）。

（5）Speed：参考转速取标幺值。

（6）Active power：有功功率参考值（MW）。

（7）Rection power：无功功率参考值（仅在"参考电压"选择为"$U_{ref}=U_t$"时使用，Mvar）。

（8）Power fliter：参考有功功率滤波常数（s）。

（9）Voltage reference selection：励磁系统的参考电压选择，如果选择了"U_{ref}"，则参考电压的值就等于填入的参考电压的值；如果选择了"$U_{ref}=U_t$"，则参考电压的值是通过系统自动计算得到，这个值与填写的参考电压值、有功功率参考值、无功功率参考值等参数有关。

4.2.2 潮流初始化参数

在进行稳态潮流计算分析时，需要对发电机部分参数进行初始化，潮流初始化参数设置界面如图 4-3 所示。

图 4-3 潮流初始化参数填写界面

图 4-3 所示的各参数含义如下。

（1）Typer of bus：节点类型，分为平衡节点 Swing、PV 节点、PQ 节点。

（2）Voltage：潮流电压，取标幺值。

（3）Angle：相角（°）。

（4）Active Power：有功功率（MW）。

（5）Rective Power：无功功率（Mvar）。

（6）Rective Power minimum：无功功率最小值（Mvar）。

（7）Rective Power maximum：无功功率最大值（Mvar）。

4.2.3 同步机参数

同步机参数包括 dq 轴电抗值、时间常数及励磁饱和特性等参数，其填写界面如图 4-4 所示。

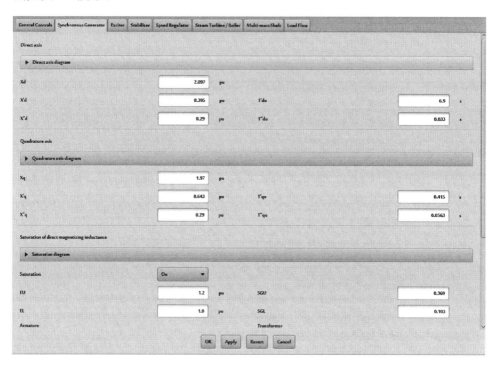

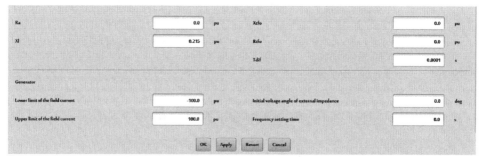

图 4-4 同步机参数填写界面

图 4-4 所示的各同步机参数含义如下。

（1）Xtfo、Rtfo：这两个参数为发电机升压变压器高压侧电压受调节控制时变压器的漏电抗和铜损，当输出电压受发电机调节控制时，这些参数为空。

（2）Xl：电枢漏抗，取标幺值。

（3）Ra：电枢电阻，取标幺值。

（4）X_d：d 轴同步电抗，取标幺值。

（5）X_d'：d 轴暂态电抗，取标幺值。

（6）X_d''：d 轴次暂态电抗，取标幺值。

（7）X_q：q 轴同步电抗，取标幺值。

（8）X_q'：q 轴暂态电抗，取标幺值。

（9）X_q''：q 轴次暂态电抗，取标幺值。

（10）T_{d0}'：d 轴开路暂态时间常数（s）。

（11）T_{d0}''：d 轴开路次暂态时间常数（s）。

（12）T_{q0}'：q 轴开路暂态时间常数（s）。

（13）T_{q0}''：q 轴开路次暂态时间常数（s）。

（14）Tdif：微分时间常数，默认值为 0.0001s。

（15）Lower limit of the field current：励磁电流最小值，取标幺值，注意 Ifd 不能取负值，需设 Ifdmin（标幺值）＝0。

（16）Upper limit of the field current：励磁电流最大值，取标幺值。

（17）requency setting time：频率设定时间，一般设置为 4s。

（18）Initial voltage angle of external impedance：漏电抗初始相角（°）。

（19）Saturation：饱和度选择（on 为"考虑"，off 为"不考虑"）。

E_U、E_L、S_{GU}、S_{GL} 为与发电机励磁饱和度曲线相关的参数，具体含义与计算方法如图 4-5 所示。

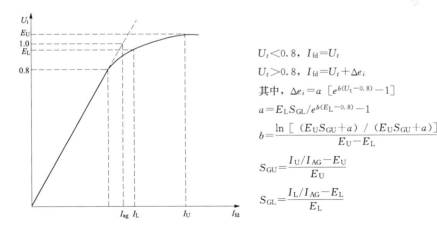

$$U_t < 0.8, \quad I_{fd} = U_t$$

$$U_t > 0.8, \quad I_{fd} = U_t + \Delta e_i$$

其中，$\Delta e_i = a\left[e^{b(U_t - 0.8)} - 1\right]$

$$a = E_L S_{GL} / e^{b(E_L - 0.8)} - 1$$

$$b = \frac{\ln\left[(E_U S_{GU} + a)/(E_U S_{GU} + a)\right]}{E_U - E_L}$$

$$S_{GU} = \frac{I_U / I_{AG} - E_U}{E_U}$$

$$S_{GL} = \frac{I_L / I_{AG} - E_L}{E_L}$$

图 4-5　同步电机空载饱和特性曲线及相关参数说明

I_{fd}—励磁电流；U_t—发电机机端电压；Δe_i—考虑饱和特性的空载电势修正差值；I_{ag}—气隙磁场电流；I_L—空载磁场电流；E_L—空载磁场电压；E_u—空载磁场饱和电压；I_U—空载磁场饱和电流

4.3 水轮发电机

HYPERSIM 水轮发电机模型构成示意图如图 4-6 所示。该模型中包括速度调节器、水轮机、稳定器、励磁调压器、稳定器及轴系等模块。

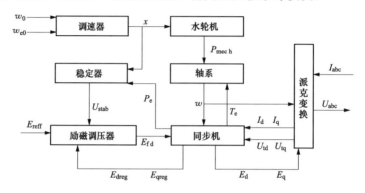

图 4-6 HYPERSIM 水轮发电机模型构成示意图

w_0—参考转速；x—调速器输出信号；U_{stab}—稳定器输出电压值；U_{reff}—励磁电压器输入参考值；

E_{fd}—电压调节器输出电压；P_e—电磁功率值；w—发电机转速；T_e—同步机电磁力矩；

I_d—定子 d 轴绕组电流；I_q—定子 q 轴绕组电流；E_d—电机 d 轴空载电动势；E_q—电机 q 轴空载电动势；

E_{dreg}—电机 d 轴空载电动势调节值；E_{qreg}—电机 q 轴空载电动势调节值；I_{abc}—发电机三相电流值；

E_{reff}—励磁电压器输入参考值；P_{mech}—同步机机械功率；U_{abc}—发电机三相电压值

4.3.1 水轮发电机速度调节器

HYPERSIM 中的水轮机模型提供了一种通用速度调节器模型，具有两种运行模式：①基于电磁功率调节（re_iop❶＝1），这种模式下，调节器通过调节转速使电磁功率输出值跟参考值一致；②基于导叶开度调节（re_iop＝0），调节器通过调节导叶开度使电磁功率输出值与参考功率一致。水轮发电机速度调节器模型控制逻辑框图和参数填写界面分别如图 4-7 和图 4-8 所示。

图 4-8 所示各参数含义如下。

（1）Regulation mode：调节模式，可以选择功率调节或导叶开度调节。

（2）Modeling of speed regulator：调速器模型选择，Intenal 代表内部通用模型；External 代表外部链接用户自定义模型。

（3）Ta1、Ta2：转速测量时间常数（s）。

（4）Twatt：功率测量时间常数（s）。

（5）Sigma：永态差值系数，取标幺值。

---

❶ re_iop 是调速器运行模式的标识，本身没有任何含义。

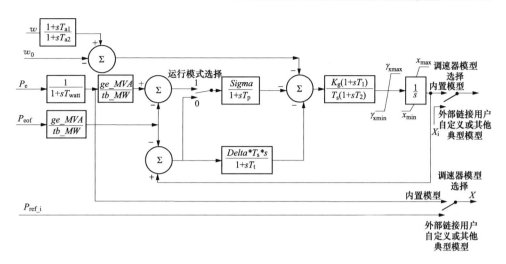

图 4-7　水轮发电机速度调节器模型控制逻辑框图

w—发电机转速；w_0—发电机参考转速；P_e—发电机电磁功率值；

P_{ef}—发电机电磁功率参考值；T_{a1}、T_{a2}—速度测量器时间常数；

T_{watt}—功率测量器时间常数；P_{ref_i}—如果调速器模型选择外部链接用户

自定或其他典型模型，则该值为用户自定义或其他模型的输出功率参考值；

$Sigma$—永态差值系数；$Delta$—暂态差值系数；T_s—伺服机构时间常数；

T_t—暂态差值时间常数；T_1、T_2—调节时间常数；γ_{xmax}、γ_{xmin}—导叶关闭速率大值、

最小值；x_{max}、x_{min}—导叶开度最大值、最小值；X_i—选择外部链接用户自定义或其他典

型模型的输出值；ge_MVA/tb_MW—以发电机基准功率为基础，对输入值标幺化；

s—代表积分算子，一种数学符号，本章节中的 s 均为此含义

Regulation mode	Electrical power	Modelling of speed regulator	Internal
▶ Speed regulator diagram			
Kg	3.333333	Tp	0.001 s
sigma	0.05	Ts	1 s
delta	0.25	Tt	5.2 s
xmin	0.01 pu	Twatt	0.05 s
xmax	0.97518 pu	Ta1	0
vxmin	-0.1 pu/s	Ta2	1
vxmax	0.1 pu/s	T1	0
		T2	.0700000000000001 s

图 4-8　水轮发电机速度调节器模型参数编辑界面

（6）Delta：暂态差值系数。

（7）Tp：永态差值时间常数（s）。

(8) Tt：暂态差值时间常数（s）。

(9) Kg：调节器增益（s）。

(10) Ts：伺服机构时间常数（s）。

(11) T1、T2：调节时间常数（s）。

(12) xmin：导叶开度最小值，取标幺值。

(13) xmax：导叶开度最大值，取标幺值。

(14) vxmax：导叶关闭速率最大值（正值），取标幺值。

(15) vxmin：导叶关闭速率最小值（负值），取标幺值。

4.3.2 水轮机模型

HYPERSIM 中的水轮机模型为一个单质量块轴系模型，其可编辑参数填写界面如图 4-9 所示，参数定义如下所示。

图 4-9　水轮机模型可编辑参数填写界面

（1）Turb_on：选择水轮机运行方式，on 代表正常运行方式，off 代表恒定值功率（等于参考功率 Peo）。

（2）Shaft_on：选择轴系运行方式，on 代表正常运行方式，off 代表恒定值转速（等于参考转速 W0）。

（3）Turb_mod：选择水轮机和轴系模型，Intenal 代表内部通用模型；External 代表外部链接用户自定义模型。

（4）Beta：水位为 h 时的速度变化率。

（5）Tw：压力管道中水时间常数（s）。

（6）H：惯性时间常数（s）。

（7）Kd：阻尼系数。

（8）Kdstart：水轮机启动时刻阻尼系数，该值有助于发电机迅速同步，一般填写 5。

（9）TStart：水轮机启动时间（s）。

（10）wmax：最大转速限制，取标幺值。

（11）wmin：最小转速限制，取标幺值。

（12）Tgo：总的机械损耗的转矩（p. u. /MW·s）。

4.4　汽轮发电机

HYPERSIM 中的汽轮发电机构成示意图如图 4-10 所示，包含调速器、汽轮机、稳定器、励磁调压器、锅炉及含 5～10 个质量块轴系等模型。

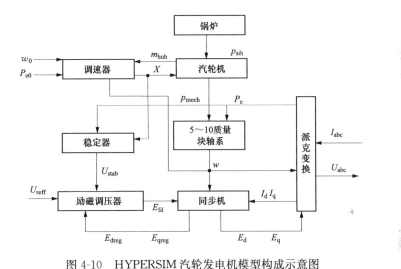

图 4-10　HYPERSIM 汽轮发电机模型构成示意图

w_0—发电机参考转速；P_{e0}—发电机参考功率；X—调速器输出值；

m_{huh}—汽轮机高压蒸汽输出值；P_{sih}—锅炉蒸汽输出值；

P_e—电磁功率；U_{stab}—稳定器输出电压值；U_{teff}—励磁调压器输入参考值；

E_{fd}—励磁调压器输出值；w—汽轮机轴系转速值；I_d—定子 d 轴绕组电流；

I_q—定子 q 轴绕组电流；E_d—电机 d 轴空载电动势；E_q—电机 q 轴空载电动势；

E_{dreg}—同步机 d 轴空载电动势调节值；E_{qreg}—同步机 q 轴空载电动势调节值；

I_{abc}—发电机三相电流值；P_{mech}—同步机机械功率

4.4.1　汽轮发电机锅炉模型

汽轮发电机锅炉负责产生汽轮机使用的蒸汽压力，HYPERSIM 中锅炉模型包括锅炉压力调节器和锅炉本身，由于锅炉压力调节器模型中存在比例积分环节，因此相比于其他模型，锅炉压力调节器模型具有慢动态响应的特点，在实际应用中，可忽略锅炉模型，将其设置为一个恒定压力。HYPERSIM 中汽轮发电机锅炉模型可编辑参数填写界面如图 4-11 所示。

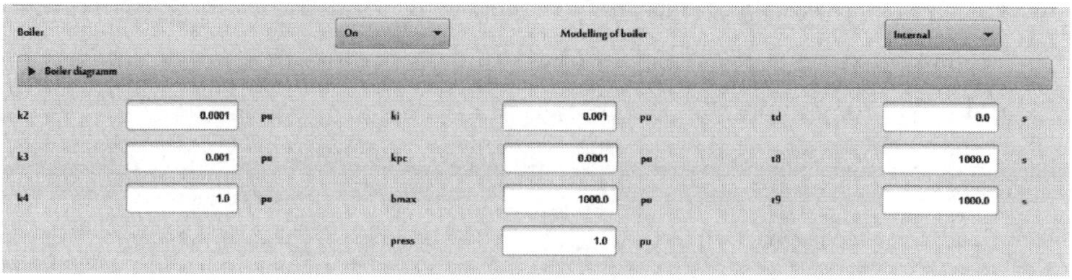

图 4-11　HYPERSIM 中锅炉模型可编辑参数填写界面

图 4-11 中可编辑参数代表含义如下所示。

（1）Boiler：锅炉运行方式选择，On 代表正常运行；Off 代表关闭锅炉模块，恒定压力。

（2）Modeling of boiler：锅炉模型选择，Internal 代表内部通用模型，External 代表外部链接用户自定义模型。

（3）press：锅炉蒸汽压力输出参考值，取标幺值。

（4）bmax：锅炉压力调节系统压力最大输出限制，取标幺值。

（5）k_{pc}：锅炉压力调节环节比例增益，取标幺值。

（6）k_i：锅炉压力调节环节积分增益，取标幺值。

（7）k2：负载损耗系数，取标幺值。

（8）k3：热容系数，取标幺值。

（9）k4：高压效应，取标幺值。

（10）t8：锅炉模型时间常数（s）。

（11）t9：锅炉模型设定时间常数（s）。

（12）td：延迟时间设定（s）。

4.4.2　汽轮发电机调速器模型

HYPERSIM 提供了一种内置通用调速模型，负责产生基于发电机转速测量信号的汽门开度值，和水轮发电机调速系统相比，汽轮发电机调速系统的调节不依靠电磁功率，其控制逻辑框图如图 4-12 所示。

汽轮发电机调速模型可编辑参数填写界面如图 4-13 所示。

图 4-13 中各可编辑参数含义如下。

（1）Modeling of speed regultor：调速模型选择，Internal 代表内部通用模型，External 代表外部链接用户自定义模型。

（2）r：永态转差系数，取标幺值。

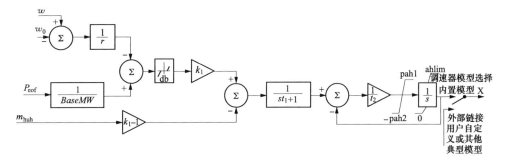

图 4-12　HYPERSIM 中汽轮发电机通用调速系统模型控制逻辑框图

w—发电机转速输入值；w_0—发电机转速参考输入值；P_{eof}—电磁功率输入参考值；
$1/BaseMW$—以发电机基准功率为基础对输入功率标幺化；m_{huh}—高压蒸汽输入值；
r—永态转差系数；db—速度调节死区；k_1—调节增益；t_1—转速延迟时间常数；
t_2—伺服机构时间常数；pah1—汽门最大开启速度；pah2—汽门最小关闭速度；ahlim—气门最大开度值

图 4-13　汽轮发电机调速模型可编辑参数填写界面

（3）db：速度调节死区，取标幺值。

（4）k1：调节增益，取标幺值。

（5）t1：转速延迟时间常数（s）。

（6）t2：伺服机构时间常数（s）。

（7）pah1：汽门最大开启速度（绝对值），取标幺值。

（8）pah2：汽门最小关闭速度（绝对值），取标幺值。

（9）ahlim：汽门开度最大值，取标幺值。

4.4.3　汽轮机模型

　　汽轮机系统负责产生机械转矩，HYPERSIM 中的汽轮机模型配置了高压、中压和低压三个涡轮机，所有涡轮机都在同一单轴上。该模型的输入为蒸汽压力和汽门开度，输出为三个涡轮机机械扭矩。也可通过设置三个涡轮机的机械功率比例实现两涡轮机单次加热、三涡轮机单次加热和三涡轮两次加热三种汽轮机模型，不同汽轮机模型示意图如图 4-14 所示。

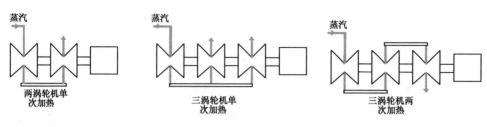

图 4-14　汽轮机模型示意图

HYPERSIM 汽轮机模型中可编程参数填写界面如图 4-15 所示。

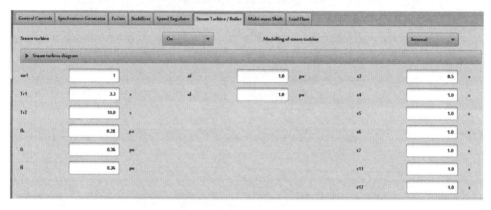

图 4-15　HYPERSIM 汽轮机模型中可编程参数填写界面

图 4-15 中各可编辑参数含义如下。

（1）Steam turbine：选择汽轮机是否运行，On 代表正常运行；Off 代表关闭，输出恒定机械功率等于 Peo。

（2）Modeling of steam turbine：选择涡轮机模型，Internal 代表内部通用模型，External 代表外部链接用户自定义模型。

（3）t3：蒸汽室的时间常数（s）。

（4）Tr1：再热器 1 时间常数（s）。

（5）Tr2：再热器 2 时间常数（s）。

（6）fh：高压涡轮机提供的机械功率比例，取标幺值。

（7）fi：中压涡轮机提供的机械功率比例，取标幺值。

（8）fl：低压涡轮机提供的机械功率比例，fh＋fi＋fl＝1，取标幺值。

（9）t4：高压涡轮时间常数（s）。

（10）t5：高压涡轮时间常数（s）。

（11）t6：中压涡轮时间常数（s）。

（12）t7：中压涡轮时间常数（s）。

（13）t11：低压涡轮时间常数（s）。

（14）t12：低压涡轮时间常数（s）。

（15）ai：中压涡轮调节阀开度，取标幺值。

（16）al：低压涡轮调节阀开度，取标幺值。

（17）swl：二次再热器旁路系数。

4.4.4 汽轮机轴系模型

HYPERSIM 中提供了多质量块轴系模型，该模型能对轴系机械变形情况和发生的振荡进行模拟，可以开展次同步谐振等方面问题研究。轴系模型输入为高中压汽轮机产生机械转矩信号，为每个独立质量块产生独立的转速信号，轴系模型示意图如图 4-16 所示。

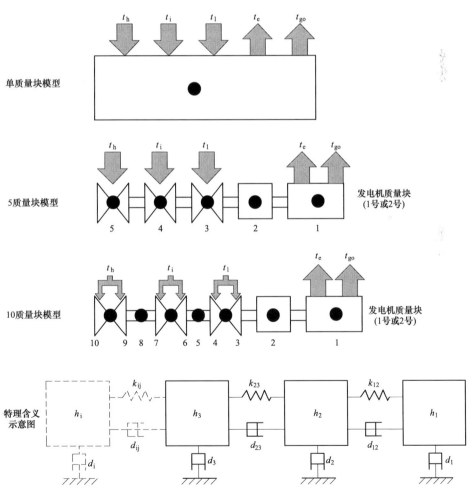

图 4-16　HYPERSIM 中汽轮机轴系模型示意图

t_h—高压汽轮机机械转矩；t_i—中压汽轮机机械转矩；t_1—低压汽轮机机械转矩；

t_e—发电机轴系输出电磁转矩；t_{go}—发电机质量块机械摩擦损失

轴系模型可编辑参数填写界面如图 4-17 所示。

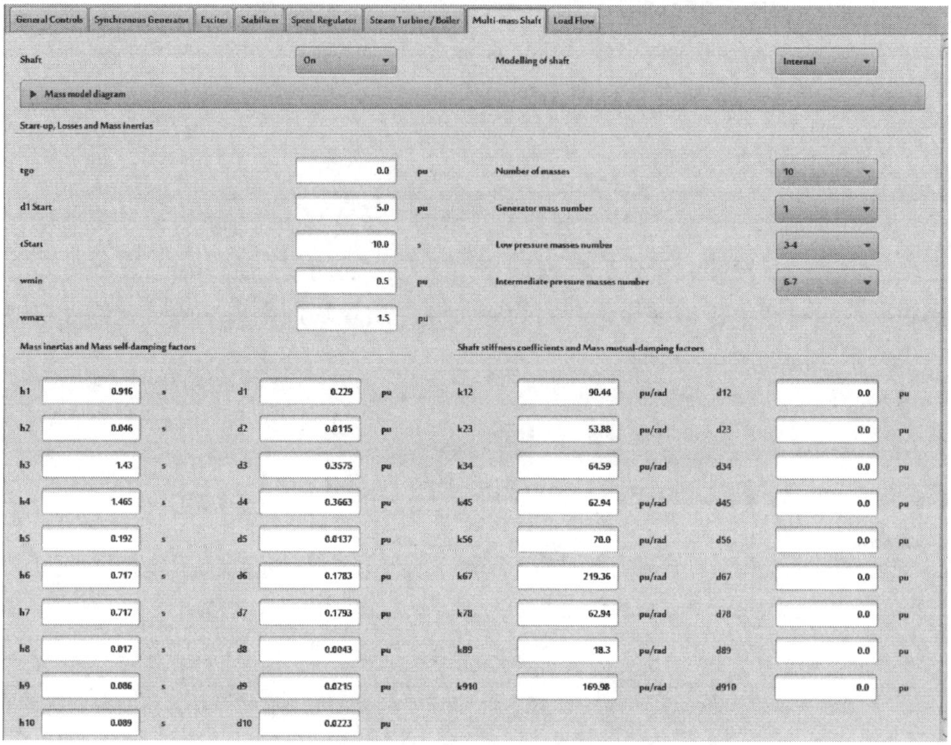

图 4-17　汽轮机轴系模型可编辑参数填写界面

图 4-17 所示可编辑参数含义如下所示。

（1）Shaft：选择轴操作，On 代表正常运行；Off 代表关闭轴系模型，恒定转速等于参考速度 wo。

（2）Modeling of shaft：选择轴模型，Internal 代表内部通用模型；External 代表外部连接用户自定义模型。

（3）Number of masses：质量块数量，可以选择单质量块、5 质量块或 10 质量块，如果不需要对轴系进行详细建模，则该值必须为 1。在这种情况下，所有参数必须集中在质量块 1。如果需要详细的轴系建模，可以选择 5 或 10 个质量块。通过选择合适数据，可以模拟 1～10 之间任何一种质量块轴系模型。

（4）d1 Start：启动期间第一个质量块转速值，帮助轴系尽快达到同步运行，通常填写 10。

（5）tStart：启动时间（s），通常填写 10。

（6）Tgo：发电机质量块机械摩擦损失，取标幺值。

（7）h1，h2，…，h10：各质量块惯性时间（s）。

（8）k12，k23，…，k910：相邻质量块间轴刚性系数，以发电机容量为基准值（p. u. /rad）。

（9）d1，d2，…，d10：各质量块自阻尼系数，以发电机容量为基准，标幺扭矩/标幺转速。

（10）d12，d23，…，d910：轴质量块互阻尼系数，以发电机容量为基准，标幺扭矩/标幺转速。

4.5 同步发电机励磁系统

励磁系统向发电机提供励磁功率，起着调节电压、保持发电机机端电压或枢纽点电压恒定的作用，对发电机动态行为影响很大，可以提高电力系统的稳定极限，HYPERSIM 励磁模型可以选择内置通用励磁模型，同时也提供了电气与电子工程师协会（Institute of Electronics Engineers，IEEE）推荐 4 种交流励磁模型（AC1A、AC2A、AC3A、AC8B 和 2 种直流励磁模型（DC2A、DC3A），可通过外置连接与系统相连。

4.5.1 内置通用励磁模型

内置通用型励磁模型包含电压调节器和励磁器两部分，其控制逻辑框图和可编辑参数填写界面分别如图 4-18 和图 4-19 所示。

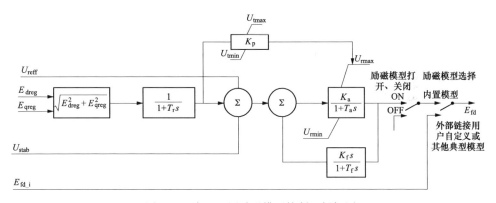

图 4-18 内置通用励磁模型控制逻辑框图

U_{reff}—励磁模型输入参考电压；U_{stab}—电力系统稳定器输出电压值，作为励磁模型输入值；

E_{fd_i}—励磁模型选择外部链接用户自定义时，自定义的励磁模型输出励磁电压值；

E_{dreg}、E_{qreg}—发电机 d、q 轴空载电势调节值；T_r—电压测量时间常数；U_{tmax}—电压测量的最大静态限制；

U_{tmin}—电压测量的最小静态限制；U_{rmax}—励磁电压最大静态极限；U_{rmin}—励磁电压最小静态极限

图 4-19 中所示各种参数含义如下。

（1）Excition circuit：选择励磁开关。

（2）Modeling excition circuit：励磁系统模型的选择，Internal 代表内置通用模型；External 代表外部链接用户自定义模型。

| General Controls | Synchronous Generator | Exciter | Stabilizer | Speed Regulator | Hydraulic Turbine | Shaft | Load Flow |

▶ Exciter diagram

Excitation circuit	On ▾		Modelling of excitation circuit	Internal ▾	
Kp	1		Tr	0.02	s
Ka	200		Ta	0.0001	s
Kf	0		Tf	0.0001	s
ex_Efdfix	0	pu			
ex_Vtmin	6.99	pu	ex_Vrmin	0	pu
ex_Vtmax	7	pu	ex_Vrmax	7	pu

图 4-19　内置通用励磁模型填写界面

（3）Tr：电压测量时间常数（s）。

（4）Ka：电压调节器增益。

（5）Ta：电压调节器时间常数（s）。

（6）Kf：阻尼滤波器反馈增益。

（7）Tf：阻尼滤波器反馈时间常数（s）。

（8）Kp：电压限制环节的比例增益。

（9）ex_Vtmin：电压测量的最小静态限制，取标幺值。

（10）ex_Vtmax：电压测量的最大静态限制，取标幺值。

（11）ex_Vrmin：励磁电压的最小静态极限，取标幺值。

（12）ex_Vrmax：励磁电压的最大静态极限，取标幺值。

（13）ex_Efdfix：恒定励磁电压，当 Exci_on 关闭时使用。

4.5.2　AC1A 型励磁模型

AC1A 交流励磁系统模型用于模拟三机无刷交流励磁系统，HYPERSIM 中 AC1A 交流励磁模型如图 4-20 所示，其控制逻辑框图如图 4-21 所示。

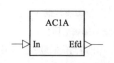

图 4-20　HYPERSIM 中
AC1A 型励磁模型图示

HYPERSIM 中 AC1A 交流励磁模型参数填写界面如图 4-22 所示。

AC1A 交流励磁模型参数填写界面中各参数含义如下。

（1）Voel：输入型参数：过励限制的输出值，该值可以通过人工输入一个确定的值，也可以通过外置连接过励限制模型，取标幺值。

（2）Vuel：输入型参数，低励限制的输出值，该值可以通过人工输入一个确定的值，也可以通过外置连接低励限制模型，取标幺值。

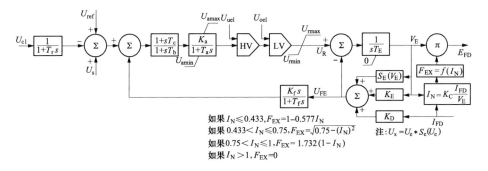

如果 $I_N \leqslant 0.433, F_{EX} = 1 - 0.577 I_N$

如果 $0.433 < I_N \leqslant 0.75, F_{EX} = \sqrt{0.75 - (I_N)^2}$

如果 $0.75 < I_N \leqslant 1, F_{EX} = 1.732(1 - I_N)$

如果 $I_N > 1, F_{EX} = 0$

注: $U_x = U_e * S_e(U_e)$

图 4-21 HYPERSIM 中 AC1A 型励磁模型逻辑框图

U_R—励磁调节器输出值；HV—高压缸；LV—低压缸；I_N—规格化电流；

F_{EX}—表示整流器调节特性的函数；U_E—发电机磁场电压；I_{FD}—发电机磁场电流

Overexcitation limiter output voltage		Underexcitation limiter output voltage	
Modeling of UEL	Internal	Modeling of OEL	Internal
Voel	6.43 pu	Vuel	-6.0 pu

▶ AC1A diagram

Tr	0.02 s		
Tb	0.0 s	Tc	0.0 s
Ka	900.0	Ta	0.02
VAmax	14.5 pu	VAmin	14.5 pu
VRmax	6.03 pu	VRmin	-5.43 pu
Kf	0.03	Tf	1.0 s

AVR | Exciter | Initial Values

▶ Exciter diagram

Ka	1.0	Te	0.8 s
Kc	0.2	Kd	0.38

▶ Se(Ve) Table

	0	Se2	Se1
Se(Ve)	0.0	0.03	0.1 pu

	0	Ve2	Ve1
Ve	0.0	3.14	4.18 pu

AVR | Exciter | Initial Values

Efd0	1 pu	Ifd0	1 pu

图 4-22 HYPERSIM 中 AC1A 型励磁模型参数填写界面

（3）Vref：输入型参数，电压参考给定值，取标幺值。

（4）Vs：输入型参数，电力系统稳定器 PSS 的输出值，取标幺值。

（5）Ifd：输入型参数，励磁电流，取标幺值。

（6）Efd：输出型参数，励磁电压输出值，取标幺值。

（7）V_{CI}：输入型参数，输入电压，该值涉及机端电压、机端电流和相角差，及调差电抗有关。

（8）Tr：量测环节时间常数（s）。该参数不是必须填写参数，也无典型值，如果不需要该环节，可将 Tr 设置为 0。

（9）Tb、Tc：串联校正环节时间常数（s）。

（10）Ka：功率放大环节增益。

（11）Ta：功率放大环节时间常数（s）。

（12）VAmax：功率放大环节最大输出，取标幺值。

（13）VAmin：功率放大环节最小输出，取标幺值。

（14）Tf：并联校正环节增益。

（15）Kf：并联校正环节时间常数（s）。

（16）VRmax：调节器输出上限，取标幺值。

（17）VRmin：调节器输出下限，取标幺值。

（18）Ke：励磁机自励系数。

（19）Te：励磁机时间常数（s）。

（20）Kd：去磁系数。

（21）Kc：与换流电抗相关的整流器负荷系数。

（22）Se1、Se2：励磁机饱和系数。

（23）Ve1、Ve2：用于求取励磁机饱和系数的值。

（24）Efd0：励磁电压初始值，该值可以人为填写，也可以由潮流计算结果自动填写，取标幺值。

（25）Ifd0：励磁电流初始值，该值可以人为填写，也可以由潮流计算结果自动填写，取标幺值。

4.5.3 AC2A 型励磁模型

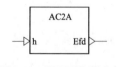

图 4-23 HYPERSIM 中
AC2A 型励磁模型图示

AC2A 型励磁模型可模拟高起始响应无刷励磁系统，与 AC1A 励磁模型相比，AC2A 励磁模型在并联校正环节增加了调节时间常数的补偿系数和第二级调节器增益，HYPERSIM 中 AC2A 交流励磁模型如图 4-23 所示，其控制框图如图 4-24 所示。

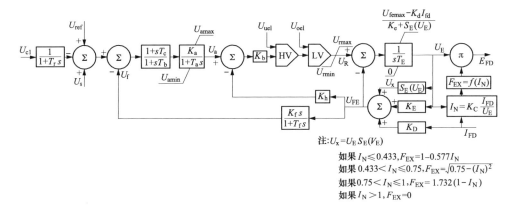

图 4-24　HYPERSIM 中 AC2A 型励磁模型逻辑框图

U_{femax}—励磁电压最大值；U_R—励磁调节器输出值；HV—高压缸；LV—低压缸；I_N—规格化电流；

F_{EX}—表示整流器调节特性的函数；U_E—发电机磁场电压；I_{FD}—发电机磁场电流

HYPERSIM 中 AC2A 交流励磁模型参数填写界面如图 4-25 所示。

AC2A 交流励磁模型输入输出参数含义如下所示。

（1）Voel：输入型参数，过励限制的输出值，该值可以通过人工输入一个确定的值，也可以通过外置连接过励限制模型，取标幺值。

（2）Vuel：输入型参数，低励限制的输出值，该值可以通过人工输入一个确定的值，也可以通过外置连接低励限制模型，取标幺值。

（3）Vref：输入型参数，电压参考给定值，取标幺值。

（4）Vs：输入型参数，电力系统稳定器 PSS 的输出值，取标幺值。

（5）Ifd：输入型参数，励磁电流，取标幺值。

（6）Efd：输出型参数，励磁电压输出值，取标幺值。

（7）VC1：输入型参数，输入电压，该值涉及机端电压、机端电流和相角差，与调差电抗有关。

（8）Tr：量测环节时间常数（s）。该参数不是必须填写参数，也无典型值，如果不需要该环节，可将 Tr 设置为 0。

（9）Tb、Tc：串联校正环节时间常数（s）。

（10）Ka：功率放大环节增益。

（11）Ta：功率放大环节时间常数（s）。

（12）Vamax：功率放大环节最大输出，取标幺值。

（13）Vamin：功率放大环节最小输出，取标幺值。

（14）Kb：第二节调节器增益。

（15）Kh：用来调节时间常数补偿度的比例反馈系数。

（16）Tf：并联校正环节增益。

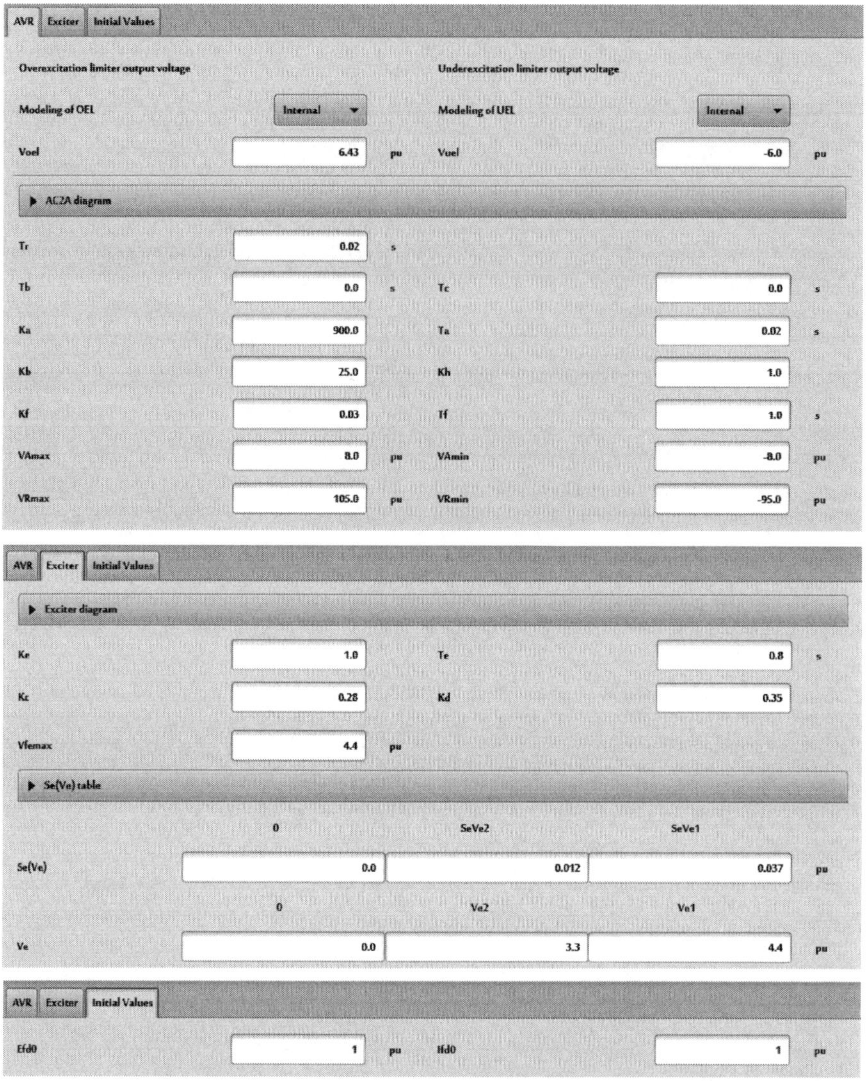

图 4-25　HYPERSIM 中 AC2A 型励磁模型参数填写界面

（17）Kf：并联校正环节时间常数（s）。

（18）Vrmax：调节器输出上限，取标幺值。

（19）Vrmin：调节器输出下限，取标幺值。

（20）Ke：励磁机自励系数。

（21）Te：励磁机时间常数（s）。

（22）Kd：去磁系数。

（23）Kc：与换流电抗相关的整流器负荷系数。

（24）Se1、Se2：励磁机饱和系数。

（25）Ve1、Ve2：用于求取励磁机饱和系数的值。

（26）Efd0：励磁电压初始值，该值可以人为填写，也可以由潮流计算结果自动填写，取标幺值。

（27）Ifd0：励磁电流初始值，该值可以人为填写，也可以由潮流计算结果自动填写，取标幺值。

4.5.4　AC3A 型励磁模型

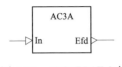

图 4-26　HYPERSIM 中
AC3A 型励磁模型图示

ACA3A 励磁系统模型可用于模拟采用自励方式的两机交流励磁系统，交流励磁机通过不可控整流器供主发电机励磁，HYPERSIM 中 AC3A 交流励磁模型如图 4-26 所示，其控制框图如图 4-27 所示。

HYPERSIM 中 AC3A 交流励磁模型参数填写界面如图 4-28 所示。

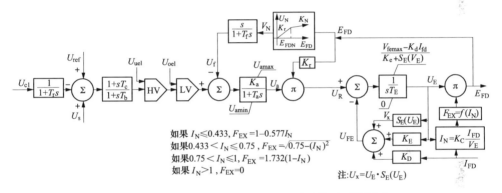

图 4-27　HYPERSIM 中 AC3A 型励磁模型逻辑框图

U_{femax}—励磁电压最大值；U_R—励磁调节器输出值；HV—高压缸；LV—低压缸；I_N—规格化电流；
F_{EX}—表示整流器调节特性的函数；U_E—发电机磁场电压；I_{FD}—发电机磁场电流

AC3A 型励磁模型参数填写界面各参数含义如下所示。

（1）Voel：输入型参数，过励限制的输出值，该值可以通过人工输入一个确定的值，也可以通过外置连接过励限制模型，取标幺值。

（2）Vuel：输入型参数，低励限制的输出值，该值可以通过人工输入一个确定的值，也可以通过外置连接低励限制模型，取标幺值。

（3）Vref：输入型参数，电压参考给定值，取标幺值。

（4）Vs：输入型参数，电力系统稳定器 PSS 的输出值，取标幺值。

（5）Ifd：输入型参数，励磁电流，取标幺值。

（6）Efd：输出型参数，励磁电压输出值，取标幺值。

（7）V_{c1}：输入型参数，输入电压，该值涉及机端电压、机端电流和相角

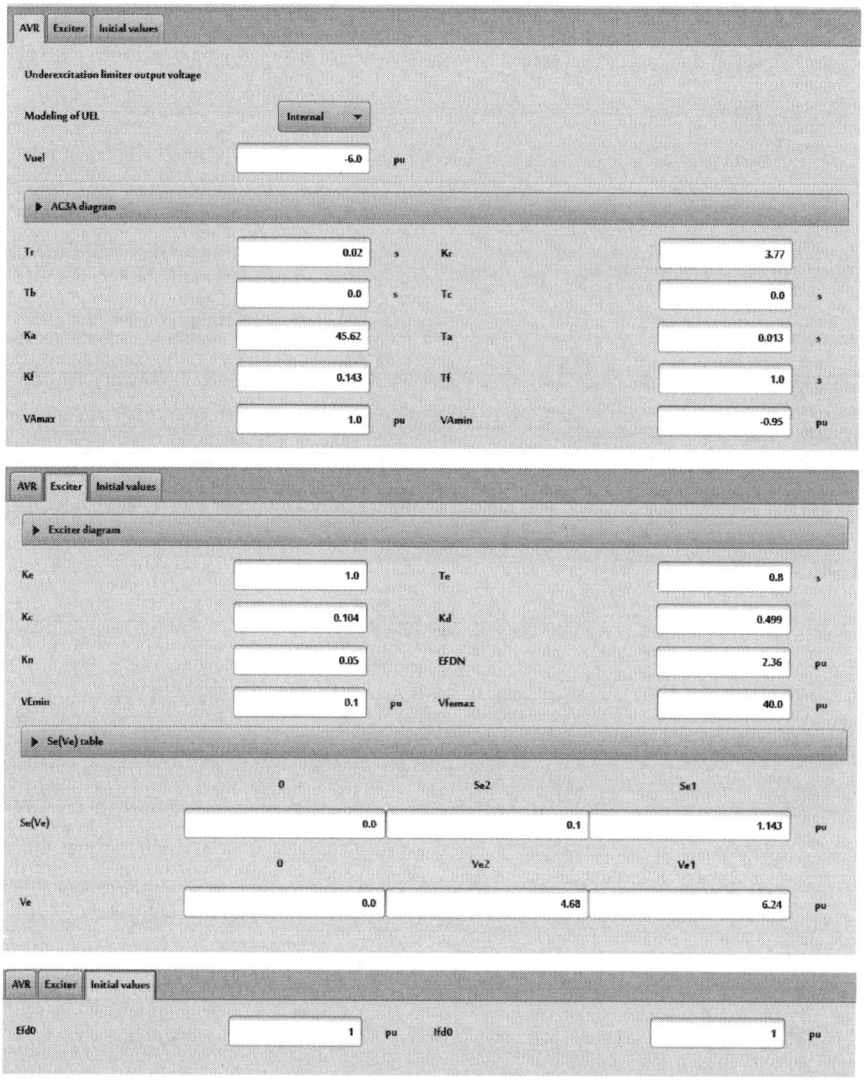

图 4-28　HYPERSIM 中 AC3A 型励磁模型参数填写界面

差，与调差电抗有关。

（8）Tr：量测环节时间常数（s）。该参数不是必须填写参数，也无典型值，如果不需要该环节，可将 Tr 设置为 0。

（9）Kr：与调节器相关的常数。

（10）Tb、Tc：串联校正环节时间常数（s）。

（11）Ka：功率放大环节增益。

（12）Ta：功率放大环节时间常数（s）。

（13）Vamax：功率放大环节最大输出，取标幺值。

（14）Vamin：功率放大环节最小输出，取标幺值。

（15）Kf：并联校正环节增益。

（16）Tf：并联校正环节时间常数（s）。

（17）Ke：励磁机自励系数。

（18）Te：励磁机时间常数（s）。

（19）Kd：去磁系数。

（20）Kc：与换流电抗相关的整流器负荷系数。

（21）Se1、Se2：励磁机饱和系数。

（22）Ve1、Ve2：用于求取励磁机饱和系数的值。

（23）Efd0，励磁电压初始值，该值可以人为填写，也可以由潮流计算结果自动填写，取标幺值。

（24）Ifd0，励磁电流初始值，该值可以人为填写，也可以由潮流计算结果自动填写，取标幺值。

AC3A 交流励磁模型中，二级放大环节增益受励磁输出电压的影响，采用了分段反馈的方式，反馈量取自发电机励磁电压 Efd，当发电机励磁电压小于额定值 Efdn 时，电压反馈环节增益为 Kf，当发电机励磁电压大于额定值 Efdn 时，电压反馈环节增益为 Kn。

图 4-29　HYPERSIM 中
AC8B 型励磁模型图示

4.5.5　AC8B 型励磁模型

HYPERSIM 中 AC8B 交流励磁模型如图 4-29 所示，其逻辑控制框图如图 4-30 所示。

HYPERSIM 中 AC8B 交流励磁模型参数填写界面如图 4-31 所示。

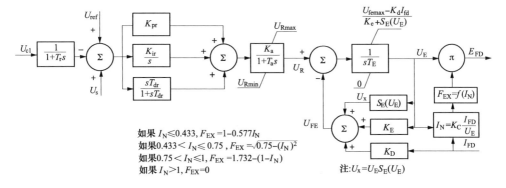

图 4-30　HYPERSIM 中 AC8B 型励磁模型逻辑框图

U_R—励磁调节器输出值；HV—高压缸；LV—低压缸；I_N—规格化电流；

F_{EX}—表示整流器调节特性的函数；U_E—发电机磁场电压；I_{FD}—发电机磁场电流

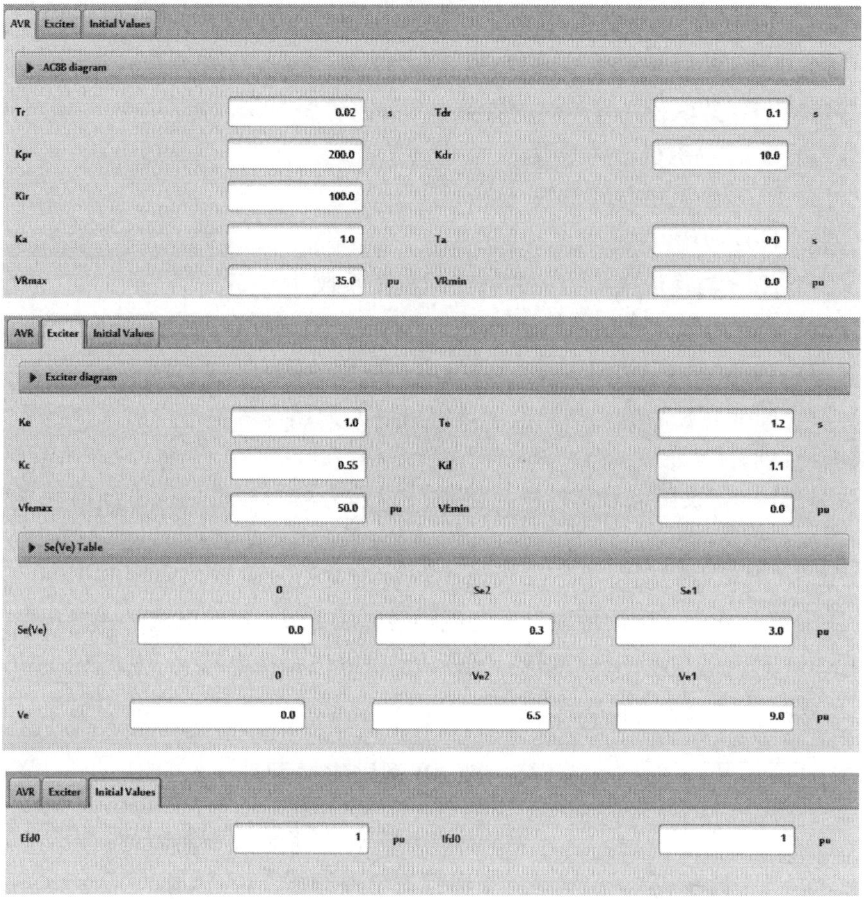

图 4-31 HYPERSIM 中 AC8B 励磁模型参数填写界面

AC8B 型励磁模型参数填写界面各参数含义如下所示。

(1) Voel：输入型参数，过励限制的输出值，该值可以通过人工输入一个确定的值，也可以通过外置连接过励限制模型，取标幺值。

(2) Vuel：输入型参数，低励限制的输出值，该值可以通过人工输入一个确定的值，也可以通过外置连接低励限制模型，取标幺值。

(3) Vref：输入型参数，电压参考给定值，取标幺值。

(4) Vs：输入型参数，电力系统稳定器 PSS 的输出值，取标幺值。

(5) Ifd：输入型参数，励磁电流，取标幺值。

(6) Efd：输出型参数，励磁电压输出值，取标幺值。

(7) Vc1：输入型参数，输入电压，该值涉及机端电压、机端电流和相角差，与调差电抗有关。

(8) Tr：测量时间常数单位（s）。

(9) Tdr：PID 调节器时间常数（s）。

（10）Kpr：PID 调节器增益。

（11）Kdr：PID 调节器时间常数（s）。

（12）Kir：PID 调节器积分增益。

（13）Ka：增益常数。

（14）Ta：时间常数（s）。

（15）Vrmax：励磁电压上限，取标幺值。

（16）Vrmin：励磁电压下限，取标幺值。

（17）Ke：励磁机自励系数。

（18）Te：励磁机时间常数（s）。

（19）Kd：去磁系数。

（20）Kc：与换流电抗相关的整流器负荷系数。

（21）Se1、Se2：励磁机饱和系数。

（22）Ve1、Ve2：用于求取励磁机饱和系数的值。

（23）Efd0，励磁电压初始值，该值可以人为填写，也可以由潮流计算结果自动填写，取标幺值。

（24）Ifd0，励磁电流初始值，该值可以人为填写，也可以由潮流计算结果自动填写，取标幺值。

（25）Vfemax：励磁电压最大值，取标幺值。

（26）Vfemin：励磁电流输出最小值，取标幺值。

4.5.6　DC2A 型励磁模型

DC2A 模型用于模拟自复励、自并励或者其他直流励磁系统，HYPERSIM 中 DC2A 交流励磁模型如图 4-32 所示，其控制逻辑框图如图 4-33 所示。

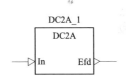

图 4-32　HYPERSIM 中 DC2A 型励磁模型图示

HYPERSIM 中 DC2A 直流励磁模型参数填写界面如图 4-34 所示。

DC2A 直流励磁模型参数填写界面各参数含义如下。

（1）Vuel：输入型参数，低励限制的输出值，该值可以通过人工输入一个确定的值，也可以通过外置连接低励限制模型，取标幺值。

（2）UEL input location：低励限制输入位置选择，可以选择在电压比较环节（图 4-33 位置ⓐ处），也可以选择在串联校正环节前（图 4-33 位置ⓑ处）。

（3）Vref：输入型参数，电压参考给定值，取标幺值。

（4）Vs：输入型参数，电力系统稳定器 PSS 的输出值，取标幺值。

（5）Efd：输出型参数，励磁电压输出值，取标幺值。

（6）VC1：输入型参数，输入电压，该值涉及机端电压、机端电流和相角差，与调差电抗有关。

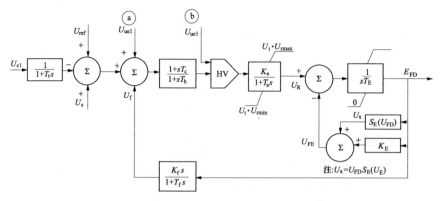

图 4-33　HYPERSIM 中 DC2A 型励磁模型逻辑框图

U_t—发电机极端电压；E_{FD}—发电机励磁系统输出电压

图 4-34　HYPERSIM 中 DC2A 直流励磁模型参数填写界面

(7) Tr：量测环节时间常数（s）。该参数不是必须填写参数，也无典型值，如果不需要该环节，可将 Tr 设置为 0。

(8) Tc：串联环节时间常数（s）。

(9) Tb：串联环节时间常数（s）。

(10) Ka：放大环节放大倍数。

(11) Ta：放大环节时间常数（s）。

(12) Kf：反馈环节放大倍数。

(13) Tf：反馈环节时间常数（s）。

(14) VRmax：励磁电压上限，取标幺值。

(15) VRmin：励磁电压下限，取标幺值。

(16) Ke：励磁机励磁系数。

(17) Te：励磁时间常数。

(18) Se1、Se2：励磁机饱和系数。

(19) Ve1、Ve2：用于求取励磁机饱和系数的值。

4.5.7 DC3A 型励磁模型

DC3A 型励磁模型用于模拟非连续作用调节器的直流励磁机，HYPERSIM 中 DC3A 型励磁模型如图 4-35所示，其控制逻辑框图如图 4-36 所示。

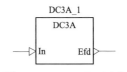

图 4-35 HYPERSIM 中 DC3A 型励磁模型图示

HYPERSIM 中 DC3A 直流励磁模型参数填写界面如图 4-37 所示。

DC3A 型励磁模型参数填写界面中各参数含义如下所示。

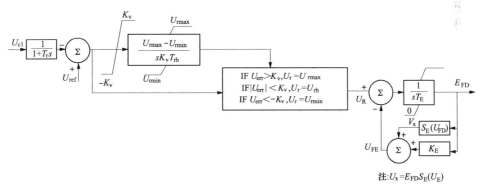

图 4-36 HYPERSIM 中 DC3A 型励磁模型逻辑框图

U_{err}—电压比较偏差值；U_r—励磁调压器输出值；E_{FD}—励磁系统输出值

(1) Vref：输入型参数，电压参考给定值，取标幺值。

(2) Efd：输出型参数，励磁电压输出值，取标幺值。

(3) Vc1：输入型参数，输入电压，该值涉及机端电压、机端电流和相角差，与调差电抗有关。

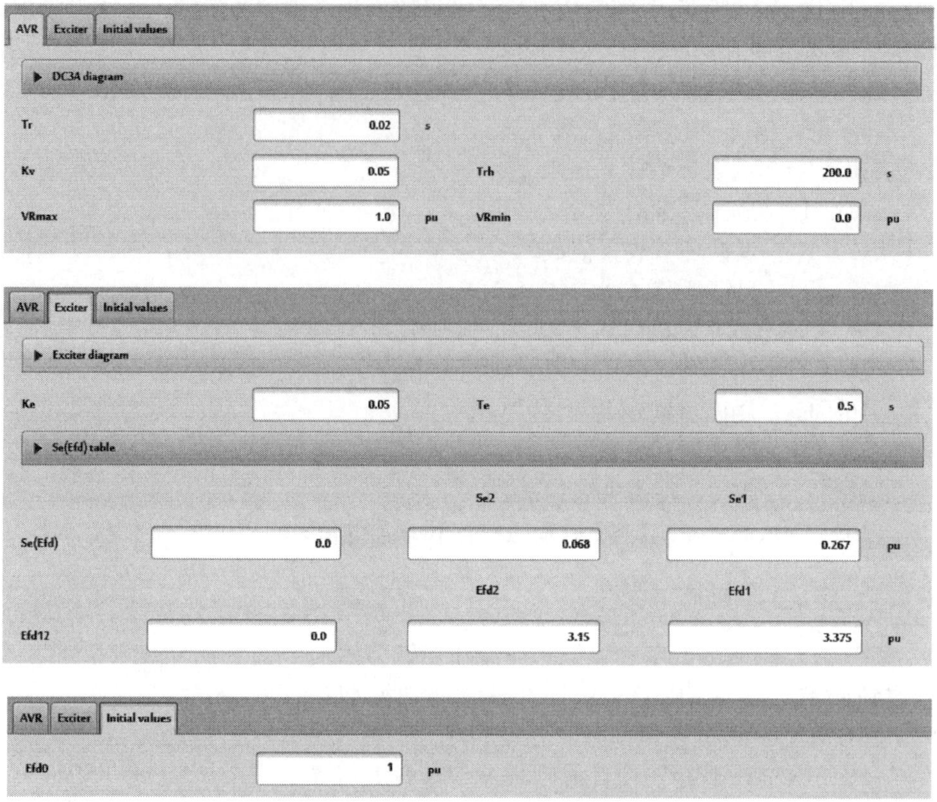

图 4-37　HYPERSIM 中 DC3A 型励磁模型参数填写界面

（4）Tr：量测环节时间常数（s）。该参数不是必须填写参数，也无典型值，如果不需要该环节，可将 Tr 设置为 0。

（5）Kv：快速上升/下降触点设置。

（6）Trh：变阻器运行时间（s）。

（7）VRmax：励磁电压上限，取标幺值。

（8）VRmin：励磁电压下限，取标幺值。

（9）Ke：励磁机励磁系数。

（10）Te：励磁时间常数。

（11）Se1、Se2：励磁机饱和系数。

（12）Efd1、Efd2：用于求取励磁机饱和系数的值。

4.5.8　ST1A 型励磁模型

静止励磁系统包括静态自并励系统和静态自复励系统两类，ST1A 型励磁模型用于模拟静态自并励系统，其可控硅整流器和励磁功率单元的电源由发电机

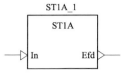

图 4-38　HYPERSIM 中
ST1A 型励磁模型图示

机端电压或厂用电母线电源提供，HYPERSIM 中 ST1A 型励磁模型如图 4-38 所示，其控制逻辑框图如图 4-39 所示。

　　HYPERSIM 中 ST1A 静止励磁模型参数填写界面如图 4-40 所示。

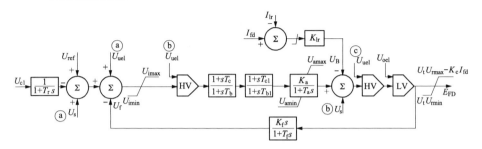

图 4-39　HYPERSIM 中 ST1A 型励磁模型逻辑框图

图 4-40　HYPERSIM 中 ST1A 型励磁模型参数填写界面

　　ST1A 型励磁模型参数填写界面各参数含义如下。

　　（1）Voel：输入型参数，过励限制的输出值，该值可以通过人工输入一个确定的值，也可以通过外置连接过励限制模型，取标幺值。

　　（2）Vuel：输入型参数，低励限制的输出值，该值可以通过人工输入一个确定的值，也可以通过外置连接低励限制模型，取标幺值。该模型中，低励限制的输出值可以在三个位置输入，分别是：电压偏差比较环节（位置ⓐ）、串联校正环节前（位置ⓑ）、串联校正环节后（位置ⓒ）。

（3）Vref：输入型参数，电压参考给定值，取标幺值。

（4）Vs：输入型参数，电力系统稳定器 PSS 的输出值，取标幺值。在该模型中，Vs 输入可选择在串联校正环节前（位置ⓐ），也可以选在输入在串联校正环节后（位置ⓑ）。

（5）Ifd：输入型参数，励磁电流，取标幺值。

（6）Efd：输出型参数，励磁电压输出值，取标幺值。

（7）Vc1：输入型参数，输入电压，该值涉及机端电压、机端电流和相角差，与调差电抗有关。

（8）VT：发电机机端电压，取标幺值。

（9）Tr：量测环节时间常数（s）。

（10）Ka：放大环节放大倍数。

（11）Ta：放大环节时间常数（s）。

（12）VRmax：调节器输出上限，取标幺值。

（13）VRmin：调节器输出下限，取标幺值。

（14）Vimax：调节器输入上限，取标幺值。

（15）Vimin：调节器输入下限，取标幺值。

（16）Kf：反馈环节放大倍数。

（17）Tf：反馈环节时间常数（s）。

（18）Tc：串联环节时间常数（s）。

（19）Tb：串联环节时间常数（s）。

（20）VAMAX：放大环节输出上限，取标幺值。

（21）VAMIN：放大环节输出下限，取标幺值。

（22）Tc1：串联校正时间常数（s）。

（23）Tb1：串联校正时间常数（s）。

（24）KLR：励磁电流限制系数（s）。

（25）ILR：励磁电流限制门槛值，取标幺值。

（26）Kc：与换流电抗相关的整流器负荷系数。

4.5.9 ST2A 型励磁模型

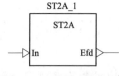

图 4-41 HYPERSIM 中
ST2A 型励磁模型图示

HYPERSIM 中 ST2A 型励磁模型如图 4-41 所示，其控制逻辑框图如图 4-42 所示。

HYPERSIM 中 ST2A 静止励磁模型参数填写界面如图 4-43 所示。

ST2A 型励磁模型参数填写界面各参数含义如下所示。

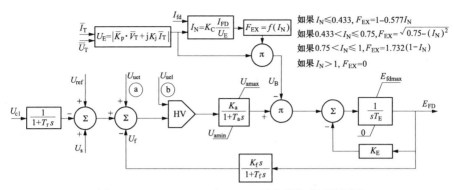

图 4-42　HYPERSIM 中 ST2A 型励磁模型逻辑框图

I_N—规格化电流；F_{EX}—表示整流器调节特性的函数

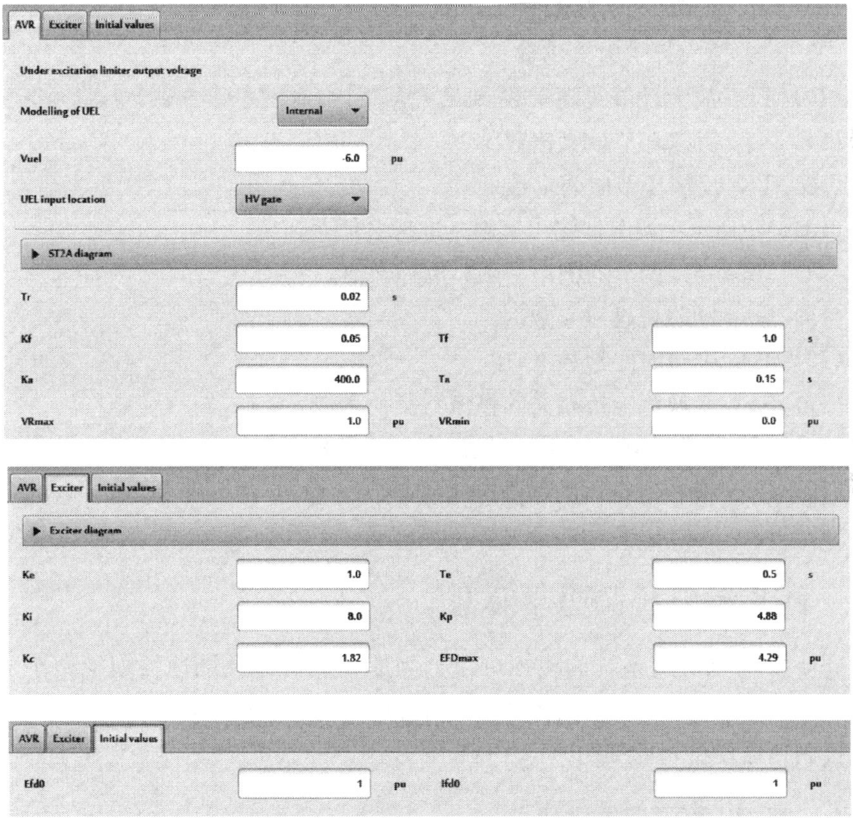

图 4-43　HYPERSIM 中 ST2A 型励磁模型参数填写界面

（1）Voel：输入型参数，过励限制的输出值，该值可以通过人工输入一个确定的值，也可以通过外置连接过励限制模型，取标幺值。

（2）Vuel：输入型参数，低励限制的输出值，该值可以通过人工输入一个确定的值，也可以通过外置连接低励限制模型，取标幺值。该模型中，低励限制的输出值可以在两个位置输入，分别是电压偏差比较环节（位置ⓐ）、串联校正环节前（位置ⓑ）。

（3）Vref：输入型参数，电压参考给定值，取标幺值。

（4）Vs：输入型参数，电力系统稳定器 PSS 的输出值，在该模型中，Vs 输入可选择在串联校正环节前（位置 a），也可以选在输入在串联校正环节后（位置 b），取标幺值。

（5）Ifd：输入型参数，励磁电流，取标幺值。

（6）Efd：输出型参数，励磁电压输出值，取标幺值。

（7）Vcl：输入型参数，输入电压，该值涉及机端电压、机端电流和相角差，与调差电抗有关。

（8）Tr：量测环节时间常数（s）。

（9）Ka：放大环节放大倍数。

（10）Ta：放大环节时间常数（s）。

（11）Kf：反馈环节放大倍数。

（12）Tf：反馈环节时间常数（s）。

（13）VRmax：调节器输出上限，取标幺值。

（14）VRmin：调节器输出下限，取标幺值。

（15）Ke：励磁机励磁系数。

（16）Te：励磁时间常数（s）。

（17）Kc：与换流电抗相关的整流器负荷系数。

（18）Efdmax：励磁系统最大输出电压，取标幺值。

（19）Kp：换相电抗后的励磁电压实部。

（20）Ki：换相电抗后的励磁电压虚部。

4.6 同步发电机调速器模型

同步发电机调速系统的模拟可以分为原动机特性及调速器模拟两个部分，HYPERSIM 程序除了汽轮机和水轮机内置通用调速器模型，另外提供了 2 种外置连接调速器模型，即 TGOV1、TGOV2。

4.6.1 TGOV1 型调速器模型

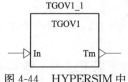

图 4-44　HYPERSIM 中
TGOV1 调速器模型图示

HYPERSIM 软件提供的 TGOV1 型调速器模型是基于 PSS/E 调速模型，其模型如图 4-44 所示，控制逻辑框图如图 4-45 所示。

HYPERSIM 中 TGOV1 调速器模型参数填写界面如图 4-46 所示。

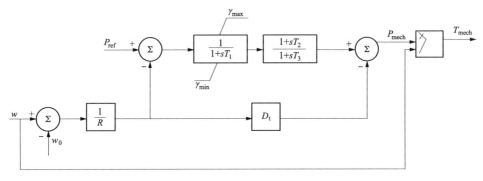

图 4-45 HYPERSIM 中 TGOV1 控制逻辑框图

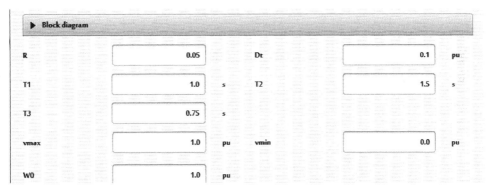

图 4-46 HYPERSIM 中 TGOV1 调速器模型参数填写界面

TGOV1 型调速模型有 2 个输入参数和 1 个输出参数，参数含义具体如下：

（1）SpeedFreq：转速或频率输入，输入型参数，取标幺值。

（2）Pref：电磁功率参考值，输入型参数，取标幺值。

（3）Tmec：机械转矩输出，输出型参数，取标幺值。

（4）T1：蒸汽容积时间常数（s）。

（5）T2：时间常数（s）。

（6）T3：时间常数（s）。

4.6.2 TGOV2 型调速器模型

HYPERSIM 软件提供的 TGOV2 型调速器模型如图 4-47 所示，控制逻辑框图如图 4-48 所示。

HYPERSIM 中 TGOV1 调速器模型参数填写界面如图 4-49 所示。

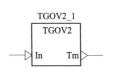

图 4-47 HYPERSIM 中
TGOV2 调速器模型图示

TGOV2 型调速模型有 2 个输入参数和 1 个输出参数，参数含义具体如下：

（1）SpeedFreq：转速或频率输入，输入型参数，取标幺值。

（2）Pref：电磁功率参考值，输入型参数，取标幺值。

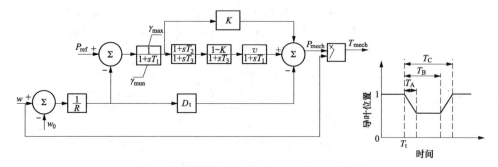

图 4-48　HYPERSIM 中 TGOV2 控制逻辑框图

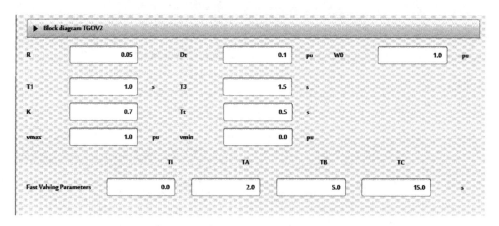

图 4-49　HYPERSIM 中 TGOV2 调速器模型参数填写界面

（3）Tmec：机械转矩输出，输出型参数，取标幺值。

（4）R：永态转差系数（s）。

（5）Dt：涡轮阻尼系数，取标幺值。

（6）T1：时间常数（s）。

（7）T3：时间常数（s）。

（8）K：调节增益，取标幺值。

（9）Tt：汽门时间常数（s）。

（10）Vmax：汽门最大位置，取标幺值。

（11）Vmin：汽门最小位置，取标幺值。

（12）T1、TA、TB、TC：汽门快速调节参数（s）。

4.7　同步发电机电力系统稳定器模型

电力系统稳定器（Power System Stabilizer，PSS）是为抑制低频振荡的一种附加励磁控制技术，在励磁调压器中，增加附加控制，产生正阻尼转矩，克服原励磁电压调节器中产生的负阻尼转矩作用，用于提高电力系统阻尼，解决低频振荡问题。

HYPERSIM 程序中提供了 1 种内置通用模型和 3 种基于美国电气电子工程师协会（IEEE）推出 3 种电力系统稳定器 PSS 模型，即 PSS1A、PSS2B、PSS3B 型。

4.7.1　内置通用电力系统稳定器模型

内置通用电力系统稳定器控制逻辑框图如图 4-50 所示，稳定器输入为电磁功率和开度值，对于水轮机可采用 P_{ef}，对于汽轮机可使用 P_e。

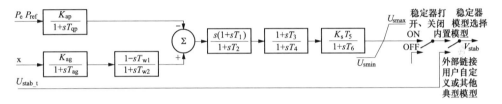

图 4-50　HYPERSIM 中内置通用 PSS 模型控制逻辑框图

HYPERSIM 中内置通用 PSS 模型参数填写界面如图 4-51 所示。

Stabilizer circuit	On		Modelling of stabilizer circuit	Internal	
▶ Stabilizer diagram					
Kap	1.0		Tap	0.0	s
Kag	0.0		Tag	0.0	s
Ks	0.0		Tw1	0.0	s
Vsmin	-0.2	pu	Tw2	0.0	s
Vsmax	0.2	pu	T1	0.0	s
			T2	1.4	s
			T3	0.15	s
			T4	0.39	s
			T5	1.0	s
			T6	0.195	s

图 4-51　HYPERSIM 中内置通用 PSS 模型参数填写界面

HYPERSIM 中内置通用 PSS 模型参数填写界面各参数含义如下所示。

（1）Stabilizer circuit：稳定器开与关。

（2）Modeling of stabilizer circuit：选择稳定器类型，Internal 代表内置通用模型；External 代表外接用户自定义模型。

（3）Kag：积分增益。

（4）Kap：积分增益。

（5）Tag：比例积分时间常数（s）。

（6）Tap：比例积分时间常数（s）。

（7）Ks：稳定器增益。

（8）Tw1、Tw2、T1、T2、T3、T4、T5、T6：稳定器时间常数（s）。

（9）Vsmin：稳定器电压的最小限制值，取标幺值。

（10）Vsmax：稳定器电压的最大限制值，取标幺值。

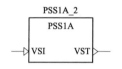

图 4-52 HYPERSIM 中
PSS1A 型稳定器模型图示

4.7.2 PSS1A 型稳定器

PSS1A 型稳定器是一种广义的形式的单输入电力系统稳定器，HYPERSIM 中 PSS1A 型稳定器模型如图 4-52 所示，其控制逻辑框图如图 4-53 所示。

PSS1A 型稳定器参数编辑界面如图 4-54 所示。

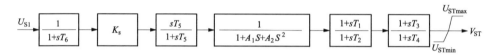

图 4-53　HYPERSIM 中 PSS1A 型稳定器控制逻辑框图

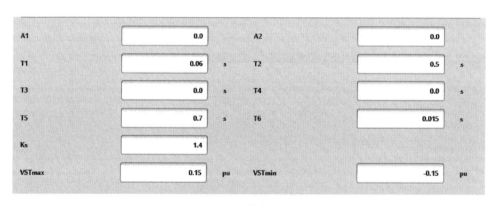

图 4-54　PSS1A 型稳定器参数编辑界面

PSS1A 型稳定器参数编辑界面各参数含义如下。

（1）VS1：输入信号，该输入信号可以是转速、转速偏差、频率、频率偏差、功率、功率偏差，取标幺值。

（2）VST：输出信号，取标幺值。

（3）A1、A2：滤波器常数。

（4）T1、T3：超前时间常数（s）。

（5）T2、T4：滞后时间常数（s）。

（6）T5：隔直时间常数（s）。

（7）T6：变送器时间常数（s）。

（8）Ks：稳定器增益。

（9）VSTmax：PSS 稳定器输出最大值，取标幺值。

（10）VSTmin：PSS 稳定器输出最小值，取标幺值。

4.7.3 PSS2B 型稳定器

PSS2B 型稳定器用于表示双输入稳定器，通常是功率和转速或频率来稳定信号，HYPERSIM 中 PSS2B 型稳定模型如图 4-55 所示，其控制逻辑框图如图 4-56 所示。

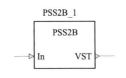

图 4-55 HYPERSIM 中 PSS2B 型稳定器模型图示

PSS2B 型稳定器参数编辑界面如图 4-57 所示。

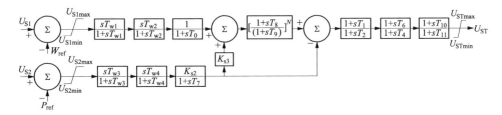

图 4-56 HYPERSIM 中 PSS2B 型稳定器控制逻辑框图

PSS2B 型稳定器参数编辑界面各参数含义如下所示。

（1）VS1：输入信号，可以是频率、转速输入信号，取标幺值。

（2）VS2：输入信号，功率输入信号，取标幺值。

（3）VST：输出信号，取标幺值。

（4）T1、T3、T10：超前补偿时间常数（s）。

（5）T2、T4、T11：滞后补偿时间常数（s）。

（6）Tw1、Tw1、Tw3、Tw4：隔直时间常数（s）。

（7）T6、T7：变送器时间常数（s）。

（8）N：过滤常数，为整数，其中 M＜5，N＜4。

（9）Ks1、Ks2、Ks3：增益。

（10）VSI1：输入最大值，取标幺值。

（11）VSI1：输入最小值，取标幺值。

（12）VSI2：输入最大值，取标幺值。

（13）VSI2：输入最小值，取标幺值。

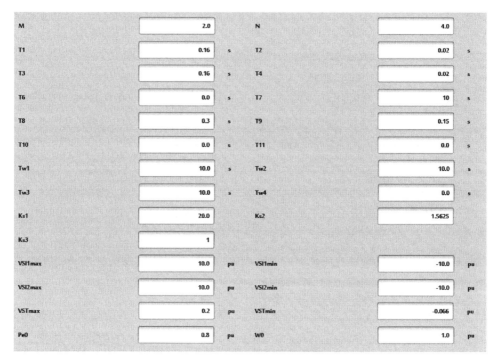

图 4-57 PSS2B 型稳定器参数编辑界面

（14）VSTmax：输出最大值，取标幺值。

（15）VSTmin：输出最小值，取标幺值。

（16）Pe0：功率初始值，W0 转速初始值，可以设置为一个确定的值，也可以基于潮流计算结果自动设置，例如，稳定器连接在名为"SM1"的同步发电机上，则可以在 Pe0 处输入"=SM1.Pe0/SM1.BaseMVA"，在 W0 处输入"=SM1.W0"。

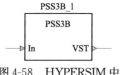

图 4-58 HYPERSIM 中
PSS3B 型稳定器模型图示

4.7.4 PSS3B 型稳定器

HYPERSIM 中 PSS3B 型稳定器模型如图 4-58 所示，其控制逻辑框图如图 4-59 所示。

PSS3B 型稳定器参数编辑界面如图 4-60 所示。

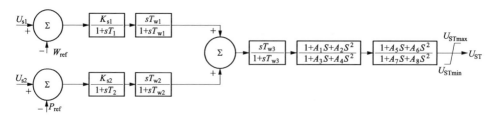

图 4-59 HYPERSIM 中 PSS3B 型稳定器控制逻辑框图

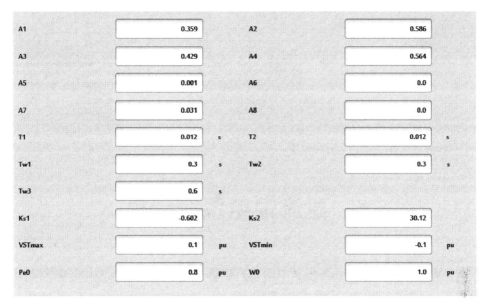

图 4-60　HYPERSIM 中 PSS3B 型稳定器模型可编辑参数填写界面

PSS3B 型稳定器模型可编辑参数填写界面各参数含义如下。

（1）VSI1：输入信号，功率输入信号，取标幺值。

（2）VSI2：输入信号，转速或频率输入信号，取标幺值。

（3）VST：输出信号，取标幺值。

（4）A1、A2、A3、A4、A5、A6、A7、A8：系数。

（5）T1、T2：变送器时间常数（s）。

（6）T_{w1}、T_{w2}、T_{w3}：隔直时间常数（s）。

（7）Ks1、Ks2：增益。

（8）VSTmax：PSS 输出最大值，取标幺值。

（9）VSTmin：PSS 输出最小值，取标幺值。

5　直流输电系统建模

直流输电系统是大电网仿真中的重要组成部分，建立直流输电系统详细电磁暂态模型对分析交直流混联电网的交互影响至关重要。本章将阐述HYPERSIM中直流输电系统的建模方法，重点对关键元件 HVDC 换流器进行说明。

5.1　直流输电系统概述

高压直流输电技术的发展与电力电子器件密切相关。1954 年，瑞典建成了从本土通往格特兰岛的世界上第一条直流输电线路，该直流输电系统采用汞弧阀作为换流阀。随着电力电子器件的发展，高压直流输电技术也取得了长足进步。1972 年建成的加拿大伊尔河直流输电线路首次采用晶闸管作为换流阀，标志着直流输电技术进入高速发展阶段，直流母线电压等级也由低电压等级逐步向高电压等级发展。现今我国已建成世界上最高电压等级（±1100kV）的直流输电工程。目前国内高压直流输电系统主要有两个发展方向：①采用晶闸管等半控型器件组成换流器的常规直流输电技术（Line Commutated Conrerter，LCC）；②采用 GTO、IGBT 等全控型器件组成换流器的柔性直流输电技术（Voltage Source Converter，VSC）。本章只针对 HYPERSIM 中常规直流的建模方法进行说明。高压直流输电依据不同的换相方式、不同的端子数目或与交流系统的不同连接关系可以有不同的分类方法。以长距离直流输电系统为例，直流输电系统的结构如图 5-1 所示。

高压直流输电系统主要由换流器、换流变压器、平波电抗器、交流滤波器、直流滤波器、直流输电线路、接地极以及控制保护系统等组成。其中换流器是直流输电系统的核心，用以实现交流与直流的相互变换。根据直流接入交流系统的落点数量，国内高压直流输电系统可主要分为双极两端直流输电和分层直

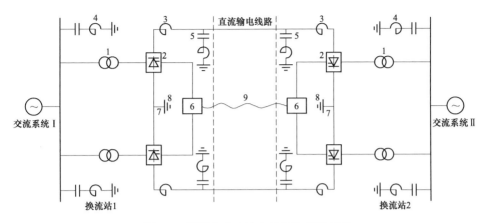

图 5-1　长距离直流输电系统构成原理图

1—换流变压器；2—换流器；3—平波电抗器；4—交流滤波器；5—直流滤波器；

6—控制保护系统；7—接地极引线；8—接地极；9—远动通信系统

流输电。

5.1.1　双极两端直流输电系统

　　双极两端直流输电系统的换流器构成并联方式的接线，其结构如图 5-2 所示。这种方式可提高直流输电的可靠性和送电能力。双极两端直流输电系统有多种运行方式，可通过开关的开断来实现不同运行方式的转换。

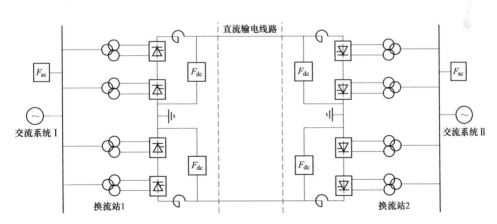

图 5-2　双极两端直流输电系统结构

F_{ac}—交流滤波器；F_{dc}—直流滤波器

　　特高压直流输电系统通常采用三绕组变压器、12 脉冲换流器，仿真建模时每个换流变压器可用两个双绕组变压器来等效代替。

5.1.2 分层直流输电系统

当直流落点数量超过 2 个时，可采用分层直流输电系统，如图 5-3 所示。分层直流输电系统整流侧与双极两端直流输电系统相同，而逆变侧的换流站通常位于不同区域，其电压等级可以不同。

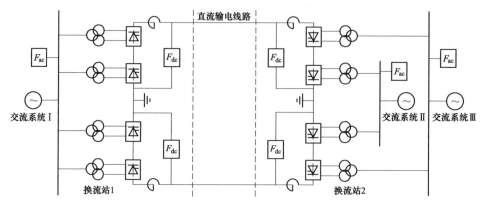

图 5-3　分层直流输电系统结构

5.2　直流一次系统建模

直流一次系统建模包括 HVDC 换流器、换流变压器、交流滤波器、直流滤波器和直流线路等基础元件，这些基础元件可用 HYPERSIM 中的基本元件（三相 RLC 元件、单相 RLC 元件、晶闸管元件、输电线路元件、三相变压器元件等）进行搭建。下面对直流一次系统的基础元件分别进行阐述。

5.2.1　HVDC 换流器

HVDC 换流器是直流输电系统的重要组成部分，可以实现交流与直流间的相互转换。本节内容主要介绍 HVDC 换流器一次部分相关内容，换流器控制系统等内容见 5.3 节。

5.2.1.1　HVDC 换流器简介

HYPERSIM 中 HVDC 换流器分为 12 脉冲和 6 脉冲两种类型，这两种换流器采用相同的内部控制系统。其中 12 脉冲换流器可以选择等角或等距两种同步模式来产生触发脉冲，6 脉冲换流器则只能选择等角同步模式。每种换流器皆可作为整流器或逆变器使用，但为方便用户操作，HYPERSIM 用不同的图标来区分整流器和逆变器，如图 5-4～图 5-7 所示，每个换流器模型都采用相同的参数组。

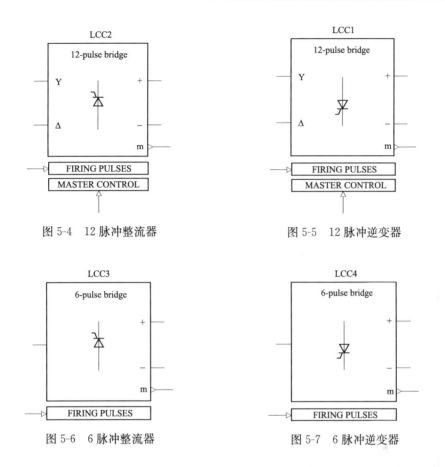

图 5-4 12 脉冲整流器   图 5-5 12 脉冲逆变器

图 5-6 6 脉冲整流器   图 5-7 6 脉冲逆变器

HVDC 换流器的控制系统由调节器、同步系统、保护系统和脉冲发生器等组成，可用于产生触发脉冲或设置阀臂短路故障、直流线路故障。需注意，虽然换流器阀臂可以选择不同类型的可控型电力电子器件，但内部控制系统只适用于采用晶闸管阀臂的 HVDC 换流器。晶闸管阀臂可以接收以下四种来源的触发脉冲：HVDC 换流器提供的内部通用控制系统、外部物理装置信号、Simulink 及 HYPERSIM 控制模块。

搭建直流输电系统模型时，可根据需要选择不同的 HVDC 换流器。直流控制系统可直接使用 HVDC 换流器内部通用控制系统，也可通过 HYPERSIM 控制模块进行搭建。

5.2.1.2 HVDC 换流器结构

特高压直流输电系统一般采用 12 脉冲换流器作为阀臂组，其等效电路如图 5-8 所示。每个 12 脉冲换流器都可独立控制，能够实现同一极阀臂组的解耦控制。图 5-9 给出了 6 脉冲换流器的等效电路。从结构上来看，12 脉冲换流器由两个 6 脉冲换流器串联而成。

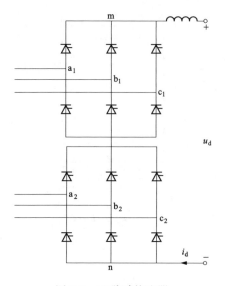

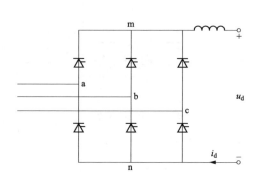

图 5-8　12 脉冲换流器　　　　　　图 5-9　6 脉冲换流器

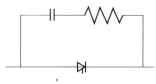

图 5-10　晶闸管阀臂结构

换流器的晶闸管阀臂由晶闸管与 RC 缓冲电路并联而成，如图 5-10 所示。

5.2.1.3　参数说明

（1）基本参数如图 5-11 所示。

1）参考值（Id reference & Vd reference）。

a. Id ref：参考电流（标幺值）。

b. ＋slope：参考电流上升率（标幺值）。

c. －slope：参考电流下降率（标幺值）。

d. Id ref min：参考电流下限（标幺值）。

e. Id ref max：参考电流上限（标幺值）。

f. Vd ref：参考电压（标幺值）。

g. ＋Slope：参考电压上升率（标幺值）。

h. －Slope：参考电压下降率（标幺值）。

i. Vd ref min：参考电压下限（标幺值）。

j. Vd ref max：参考电压上限（标幺值）。

2）基准值（General parameters）。

a. Vd base：直流电压基准值（kV）。

b. Id base：直流电流基准值（kA）。

c. Vac base（rms LL）：换流变压器原边额定交流线电压（kV）。

d. Synchronization bus：母线名称，其电压用于同步触发脉冲。

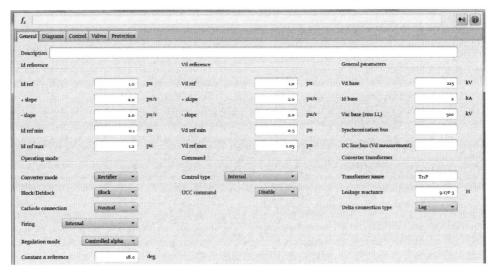

图 5-11　HVDC 换流器基本参数

e. DC line bus (Vd measurement)：连接换流器和直流线路的母线名称，用于测量直流电压。

3）换流变压器（Converter transformer）。

a. Transformer name：相连的换流变压器名称。

b. Leakage reactance：换流变压器二次侧边漏感（H）。

注：该参数用于确定换相阻抗以计算关断角 γ 和重叠角 μ。HYPERSIM 中使用该参数时，默认换流变压器一次侧无漏感并且换流变压器与换流器之间无串联电感，否则一次侧漏感或串联电感将被折算至换流变压器二次侧漏感中。

c. Delta connection type：用于确定三绕组换流变压器两个二次侧绕组间的超前－滞后相位关系，如果选"Lag"，则 △ 形绕组滞后于 Y 形绕组；如果为"Lead"，则 △ 形绕组超前 Y 形绕组。

4）操作模式（Operating mode）。

a. Converter mode："Rectifier"表示整流器；"Inverter"表示逆变器。

b. Block/Deblock：如果选"Block"，则闭锁换流器；如果选"Deblock"，则解除闭锁。

c. Cathode connection：指定换流器负极的位置，"Line"表示直流线处为负极，"Neutral"表示中性线处为负极。

d. Firing：选择触发脉冲来自内部还是外部，"Internal"表示内部，"External"表示外部。

e. Regulation mode：选择调节模式，"Controlled alpha"表示定触发角调节模式，"Normal mode"表示普通模式。

f. Constant α reference：定触发角调节模式中 α 角的值（°）。

5）控制器参数（Command）。

a. Control type：指定控制器的来源，可选择来自内部（Internal）或外部（external）。

b. UCC command（Enable，Disable）：可选择禁用或启用。

（2）阀门参数页如图 5-12 所示。

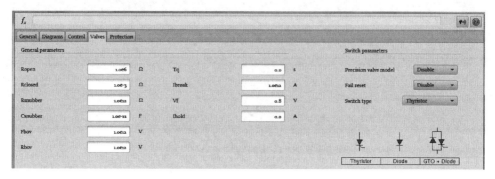

图 5-12　HVDC 换流器阀门参数

1）开关器件参数（Switch parameters）。

a. Precision valvemodel（Enable，Disable）：选择是否采用精细阀门模型。

b. Fail reset（Enable，Disable）：将默认信号置零。

c. Switch type：指定换流器的阀臂开关类型，可选择晶闸管（Thyristor）、二极管（Diode）或双向门极可关断晶闸管（GTO＋Diode）。

2）阀门通用参数（General parameters）。

a. Ropen：开路电阻（Ω）。

b. Rclosed：通态电阻（Ω）。

c. Rsnubber：缓冲电阻（Ω）。

d. Csnubber：缓冲电容（F）。

e. Fbov（Forward break overvoltage）：阀门关断时所能承受的最大正向电压（V），可用于二极管，晶闸管和 GTO。

f. Rbov（Reverse break overvoltage）：阀门所能承受的最大反向电压（V），可用于二极管，晶闸管和 GTO。

g. Tq：关断时间（s）。

h. Ibreak：GTO 最大可分断电流（A）。

i. Vf：正向导通压降（V）。

j. Ihold：维持电流（A）。

HVDC 换流器的控制参数页和保护参数页说明见 5.2 节。

5.2.2 换流变压器

直流输电系统大多采用三相三绕组变压器作为换流变压器，其网侧绕组连接方式为星接接地（Yn），阀侧的两个二次侧绕组则分别采用星形联结（Y）和三角形联结（△）。HYPERSIM 中可用三相线性三绕组变压器来模拟换流变压器，图形符号及参数页如图 5-13 所示。如需进行换流变压器的分接头控制，则可选择带分接头及去耦元件的换流变压器，其图符及参数页如图 5-14 所示。

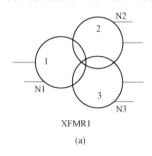

(a)

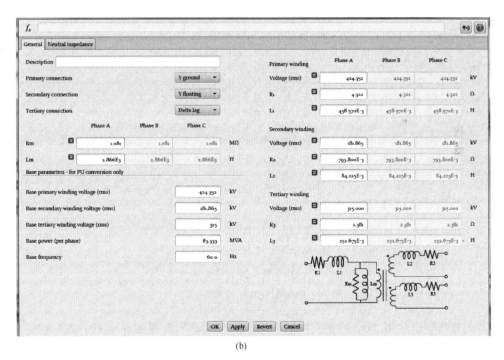

(b)

图 5-13　三相线性三绕组变压器

（a）图符；（b）参数页

换流器控制系统中的分接头控制功能可对换流变压器的分接头进行控制，换流变压器根据所接收的分接头调节信号来改变位于原边的分接头位置。分接

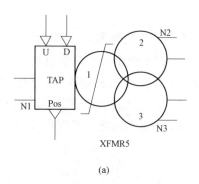

(a)

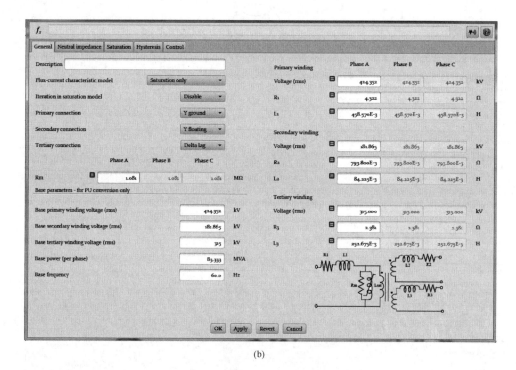

(b)

图 5-14　带分接头及去耦元件的换流变压器

（a）图符；（b）参数页

头调节参数页如图 5-15 所示。换流变压器的参数填写及说明详见第 3 章内容。

5.2.3　交流滤波器

交流滤波器位于换流站交流场中，并联接于交流滤波器小母线上，其作用为抑制换流器产生的注入交流系统的谐波电流，同时补偿换流器吸收的无功功率。图 5-16 给出了工程中常用的四种典型交流滤波器电路。

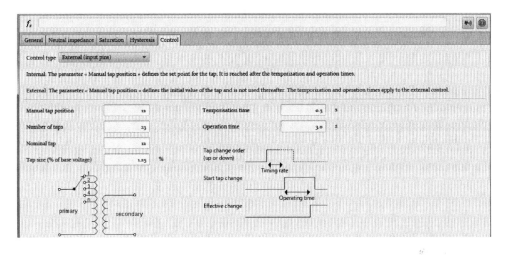

图 5-15　分接头头调节参数页

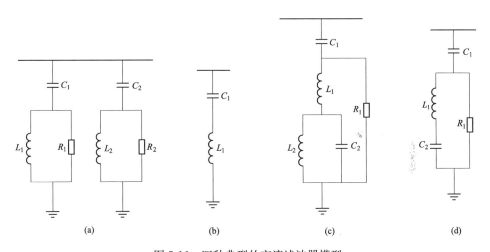

图 5-16　四种典型的交流滤波器模型

（a）BP11/13 滤波器；（b）SC 滤波器；（c）HP24/36 滤波器；（d）HP3 滤波器

　　交流滤波器可直接使用 HYPERSIM 自带的滤波器模型，也可用三相RLC 元件自行搭建。HYPERSIM 中提供了 10 种滤波器模型，如表 5-1 所示，每种滤波器皆可选择采用单相或三相形式。交流滤波器通常使用接地式滤波器模型模拟。

　　以接地式 C 型滤波器为例，滤波器参数说明如图 5-17 所示。

　　图中接地方式（Connection type）可选丫接接地（Y ground）、丫接（Y floating）、△接（Delta）；R、L、C 参数只能填写有名值，不可填标幺值。

表 5-1   **HYPERSIM 滤波器模型**

接 地 式	悬 空 式
接地式 C 型滤波器 C-Type Grounded	C 型滤波器 C-Type
接地式双调谐滤波器 Double-Damped Grounded	双调谐滤波器 Double-Damped
接地式通用滤波器 Generic RLC Grounded	通用滤波器 Generic RLC
接地式高通滤波器 High-Pass Grounded	高通滤波器 High-Pass
接地式 RLC 滤波器 Series-Parallel RLC Grounded	RLC 滤波器 Series-Parallel RLC

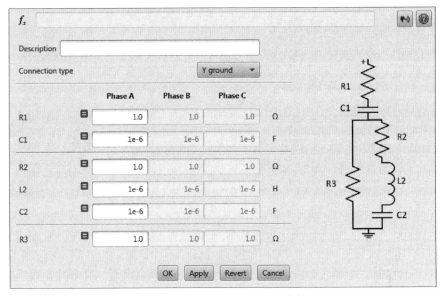

图 5-17　接地式 C 型滤波器参数

5.2.4　直流滤波器

直流滤波器位于换流站直流场中，并联接于直流母线上，主要作用是抑制换流器产生的注入直流线路的谐波电流。图 5-18 给出了工程中常用的两种典型直流滤波器电路。

直流流滤波器可直接使用 HYPERSIM 自带的滤波器模型，也可用三相 RLC 元件自行搭建。直流滤波器通常使用悬空式滤波器模型模拟。

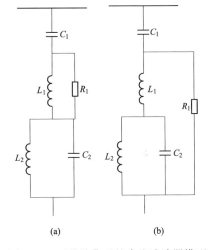

(a)　　　　　(b)

图 5-18　两种种典型的直流滤波器模型

（a）HP12/24 直流滤波器；

（b）HP2/39 直流滤波器

5.2.5　直流线路及接地极

直流线路及接地极的仿真模型可采用 T 型线路、单相分布参数线路或频率相关线路模拟，T 型线路的电路图如图 5-19 所示，可通过单相 RLC 元件进行搭建，其余线路元件详见第 2 章。

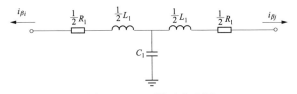

图 5-19　T 型线路电路图

5.3　直流控制系统建模

HYPERSIM 中可采用多种方式来控制 HVDC 换流器，本节主要介绍 HVDC 换流器自带的内部通用控制系统。

5.3.1　控制系统简介

在 HYPERSIM 中，直流控制系统模型可采用 HVDC 换流器自带的内部通用控制系统模拟，其控制框图如图 5-20 所示。控制系统包括调节器、触发脉冲

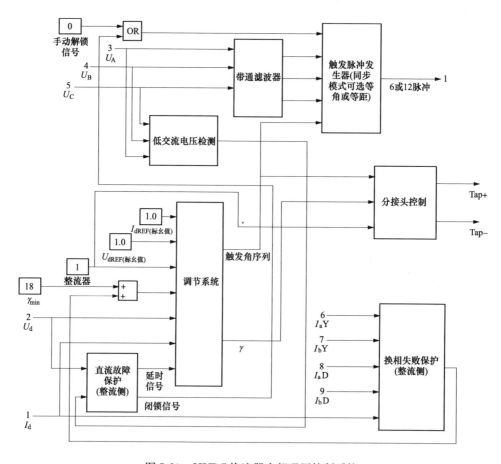

图 5-20　HVDC 换流器内部通用控制系统

U_A—交流侧 A 相电压；U_B—交流侧 B 相电压；U_C—交流侧 C 相电压；U_d—直流电压；

I_d—直流电流；$U_{dREF(p.u.)}$—直流电压整定值（标幺值）；$I_{dREF(p.u.)}$—直流电流整定值（标幺值）；

γ_{min}—最小熄弧角；γ—熄弧角；Tap＋—分接头档位上调；Tap－—分接头档位下调；

I_{aY}—换流变压器二次侧Ｙ接绕组 A 相电流；I_{bY}—换流变压器二次侧Ｙ接绕组 B 相电流；

I_{aD}—换流变压器二次侧△接绕组 A 相电流；I_{bD}—换流变压器二次侧△接绕组 B 相电流

发生器、低电压检测、带通滤波器、分接头控制、直流故障保护和换相失败保护等环节。

内部控制系统的各个运行模式如图 5-21 所示。

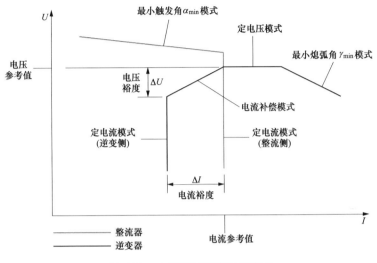

图 5-21　内部控制系统运行模式

整流器运行在定电流模式或最小触发角 α_{min} 模式，逆变器运行在定电压模式、电流补偿模式、定电流模式或最小熄弧角 γ_{min} 模式。

（1）定电流模式（整流侧）：正常运行工况下，整流器的调节系统通过控制触发角 α 将直流电流维持在其参考值附近，此时整流器运行在定电流模式。

（2）最小触发角 α_{min} 模式（整流侧）：在某些异常情况下（例如交流电压跌落），触发角 α 将达到其最小值 α_{min}，此时整流器无法调节直流电流，此运行状态即为最小触发角 α_{min} 模式。

（3）定电压模式（逆变侧）：正常运行工况下，逆变器控制系统保持直流电压在电压参考值附近，此时逆变器运行在定电压模式。

（4）电流补偿模式（逆变侧）：当直流电流低于参考值，但直流电压跌落未超过裕度 ΔU 时，逆变器运行在电流补偿模式，电压补偿按 ΔU-ΔI 特性进行调节。

（5）定电流模式（逆变侧）：当直流电流低于参考值，且直流电压跌落超过裕度 ΔU 时，逆变器运行在定电流模式。

（6）最小熄弧角 γ_{min} 模式（逆变侧）：当负荷增长或逆变侧交流系统发生故障导致直流电流持续上升时，逆变器会运行在 γ_{min} 模式下以限制电流的增长。该模式下逆变器将失去调节能力。

综上可知，直流输电系统正常运行时，整流器控制电流而逆变器控制电压。

5.3.2 调节系统

调节系统作用是通过调节 α 角的大小以控制直流电流和直流电压，并将逆变器的 γ 角限制于最小值。调节系统的功能框图如图 5-22 所示。

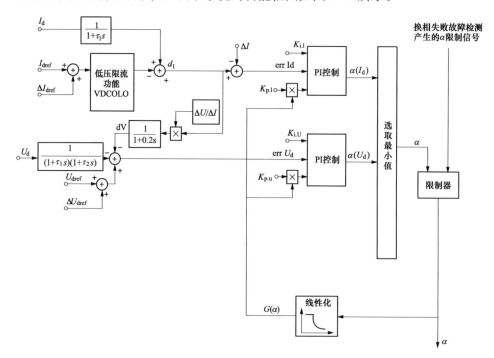

图 5-22 调节系统功能框图

I_d—直流电流；I_{dref}—直流电流整定值；ΔI_{dref}—直流电流整定值变化量；

d_1—电流校正值；ΔI—电流变化量；err I_d—直流电流误差；$K_{i,1}$—电流环 PI 调节器积分系数；

$K_{p,1}$—电流环 PI 调节器比例系数；$\alpha(I_d)$—电流环 PI 调节器输出的触发角；α—触发角；

U_d—直流电压；U_{dref}—直流电压整定值；ΔU_{dref}—直流电压整定值变化量；dU—电压校正值；

ΔU—电压变化量；err U_d—直流电压误差；$K_{i,U}$—电压环 PI 调节器积分系数；

$K_{p,U}$—电压环 PI 调节器比例系数；$\alpha(U_d)$—电压环 PI 调节器输出的触发角；$G(\alpha)$—线性环节输出因数

5.3.2.1 低压限流功能 VDCOL

低压限流功能 VDCOL 用来减小低电压时直流电流的整定值，保证直流系统在故障情况下能快速稳定地恢复正常运行，并防止恢复过程中发生换相失败。低压限流功能 VDCOL 原理如图 5-23 所示。

低压限流功能 VDCOL 可以实现直流电压动态滤波和根据滤波电压进行电流整定值计算。

直流电压动态滤波：采用一阶滤波器对直流电压 U_d 进行滤波，当 U_d 下降

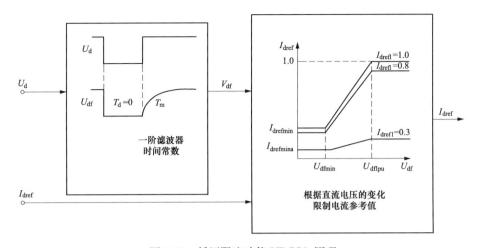

图 5-23　低压限流功能 VDCOL 原理

U_d—直流电压；U_{df}—滤波电压；I_{dref}—直流电流整定值；

T_d—直流电压下降时滤波器的时间常数；T_m—直流电压上升时滤波器的时间常数；

$I_{drefmin}$—直流电流整定值初始值大于 0.3（标幺值）时对应的直流电流整定值下限；

$I_{drefmina}$—直流电流整定值初始值等于 0.3（标幺值）时对应的直流电流整定值下限；

I_{dref1}—直流电流整定值初始值；U_{dfmin}—可触发低压限流功能的滤波电压下限；

U_{df1pu}—可触发低压限流功能的滤波电压上限

时，滤波器的时间常数 $T = T_d = 0$ms；当 V_d 上升时，滤波器的时间常数 $T = T_m = 80$ms。因此，当直流电压下降时，电流参考值会迅速下降，当直流电压上升时，电流参考值则缓慢上升，从而确保直流功率能够快速、可控地恢复。

相应参数标幺值的典型值为：$I_{drefmin} = 0.3$，$U_{dfmin} = 0.18$，$U_{df1pu} = 0.6$，$I_{drefmina} = 0.1$。

5.3.2.2　PI 调节器

调节系统包括两个 PI 调节器，分别用于调节电流与电压，相应输出为 $\alpha(I_d)$ 和 $\alpha(U_d)$。控制系统选择其中最小值作为 α 角输出。

整流器的调节系统只能调节直流电流，无法调节直流电压；逆变器的调节系统可以调节直流电压。

PI 调节器的传递函数为

$$H(s) = K_i\left[\frac{1}{s} + T_p G(\alpha)\right] = \frac{K_i}{s} + K_i T_p G(\alpha) \tag{5-1}$$

式中　K_i——积分参数；

　　　T_p——比例参数；

　　　s——拉普拉斯变换中的复频率；

　　　$G(\alpha)$——线性环节输出因数。

输出因数 $G(\alpha)$ 如图 5-24 所示。

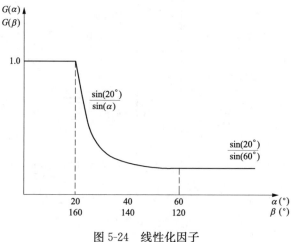

图 5-24　线性化因子

引入输出因数 $G(\alpha)$ 可使 PI 调节器以相同的速度跟随 α 角。

逆变器逆变角为 β，其值为 $\beta = \pi - \alpha$，因此逆变器调节系统中的线性化因子与整流器相同。

调节器所输出的触发角 α 需经限制环节处理后才能送至触发脉冲发生器，限制环节有 α 限制和 $\Delta\alpha$ 限制两种限制功能，可以降低发生换相失败的风险（特别是 α 较大时）。

5.3.2.3　α 限制

α 限制用于给出触发角 α 的上下限。整流器触发角 α 的上下限皆为可调节参数，其上限 α_{maxrec} 的典型参数为 $168°$，下限 α_{minrec} 的典型参数为 $5°$，等距同步模式中 α_{minrec} 不起作用。

逆变器触发角 α 的下限 α_{mininv} 为可调节参数，其典型值为 $102°$，上限 α_{maxinv} 则按照式（5-2）变化，即

$$\alpha_{maxinv} = 180° - (\gamma_{min} + \mu) - \gamma_{cf} \tag{5-2}$$

式中　γ_{min}——最小关断角，$(°)$；

$\qquad \gamma_{cf}$——发生换向失败时逆变器的关断角，$(°)$；

$\qquad \mu$——换相重叠角，$°$。

γ_{min} 由晶闸管器件本身决定；γ_{cf} 用来调整 α 角的大小以降低发生连续换相失败故障风险。逆变角的下限 β_{min} 可由最小关断角 γ_{min} 与换相重叠角 μ 确定。

$$\beta_{min} = \gamma_{min} + \mu \tag{5-3}$$

5.3.2.4　$\Delta\alpha$ 限制

$\Delta\alpha$ 限制用于限制 α 角的变化率。等角同步模式中，$\Delta\alpha$ 表示当前 α 的整定值

与和前一时刻的整定值之差；等距同步模式中，$\Delta\alpha$ 表示 α 的整定值与振荡器相位之间的差值。$\Delta\alpha$ 限制如图 5-25 所示。

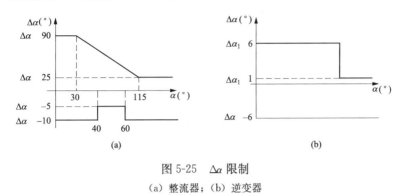

图 5-25 $\Delta\alpha$ 限制

（a）整流器；（b）逆变器

$\Delta\alpha$ 限制只能通过改变纵轴 $\Delta\alpha$ 的值来调整 α 角的变化率。图 5-25 给出了 $\Delta\alpha$ 的典型参数，用户可自行调节。

$\Delta\alpha$ 限制可以降低发生换向失败的风险（特别是当 α 比较大时），也可以提高故障或大扰动下系统的稳定性，但会降低控制系统的响应速度。

5.3.3 触发脉冲发生器

触发角参考值 α 是触发脉冲发生器的输入量，其值由调节系统和换流器交流侧母线电压共同决定。HYPERSIM 中用同步系统来产生每个晶闸管的触发脉冲，具有等角和等距两种同步模式。6 脉冲换流器需采用等角同步模式，而 12 脉冲换流器可使用等角或等距同步模式中的任意一种。

（1）等角同步模式。在开关电压（开关器件两端承受电压）的过零点同步触发脉冲。

（2）等距同步模式。触发脉冲采用频率为工频 12 倍的振荡器进行同步。振荡器的相位可经调节系统控制使其超前或滞后于触发脉冲。振荡器输出波形为三角波，该波形在开关电压过零点处缓慢同步，但在前一个触发脉冲瞬间快速同步。振荡器的增益可以用来调节输出波形在开关电压过零点处的同步速率，其值可由用户自定义。增益为 1（最小值）表示振荡器输出波形在开关电压过零点处迅速同步，此时即为等角同步模式。增益越大（最大值为 1000），振荡器同步速率越慢。开关电压的瞬态过程和不平衡电压对采用等距同步模式的触发脉冲发生器影响较小。综合考虑开关电压谐波与触发脉冲同步速率，建议增益设置为 32（默认值）。当发生交流故障或换流器处于暂态过程时，此时开关电压波形存在严重畸变，振荡器将自动增加增益来取消电压过零点同步（保证电压过零点同步速率尽可能缓慢）。

需要注意的是，只有当晶闸管承受正向电压并且该电压大于阈值（正向导通压降）时，接收触发脉冲的晶闸管才能导通，阈值可由用户自行设置。

5.3.4 低交流电压检测

当交流侧电压在一定时间内持续低于给定阈值时，"低交流电压检测"功能开启并发出低交流电压提示信号。在等角同步模式中，低交流电压提示信号持续存在并且计算周期 T 保持不变。发生交流故障期间，低交流电压提示信号始终保持前一采样时刻的值，此时"直流故障检测"功能停止。低交流电压提示信号采用下降沿延时算法，当使能信号由"1"变为"0"时，低交流电压提示信号将保持一段时间后置 0。低交流电压检测通常应用在"直流故障保护"中。

5.3.5 带通滤波器

三相交流电压通过可调节频率的带通滤波器滤波后接入同步系统。带通滤波器的传递函数为

$$H(s) = \frac{Bs}{s^2 + Bs + \omega_0^2} \tag{5-4}$$

$$\omega_0 = 2\pi f_0 \tag{5-5}$$

式中 B——带宽，rad/s；

    ω_0——中心角频率，rad/s；

    f_0——中心频率，Hz。

当输入频率为 f_0 时，由式（5-4）和式（5-5）可知传递函数 $H(s)$ 值为 1，因此当中心频率 f_0 设置为工频时，带通滤波器不会影响工频电压的幅值和相角，同时能够降低谐波分量。

带宽 B（与频率带宽成比例，频率带宽典型值为 45Hz）影响滤波器的灵敏性和快速性，使用小带宽可以减少谐波分量并改善输出波形，但是会降低滤波器的响应速率。

三绕组换流变压器一次侧的三相电压使用带宽滤波器滤波，二次侧六个线电压（丫和 △ 侧）用于确定过零点时刻。二次侧的每个电压波形在一个周期内存在两个过零点（分别具有正、负斜率），因此一个周期内共存在 12 个过零点。

5.3.6 分接头控制

HYPERSIM 可以为每个换流变压器（整流侧和逆变侧）配置一个分接头控制器，以实现换流变的抽头控制。

分接头控制器原理如图 5-26 所示。分接头控制器发送档位调节信号（"上调"或"下调"）至换流变压器抽头，通过调节抽头档位使整流器触发角 α 和逆变器关断角 γ 保持在相应的上下限之间。

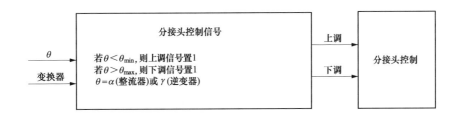

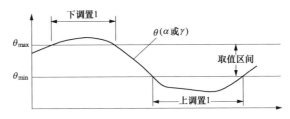

图 5-26　分接头控制器原理

当触发角或关断角超过上限时，分接头控制器将下调信号置 1 并发送至相应换流变压器抽头以减小触发角或关断角；当触发角或关断角低于下限时，分接头控制器将上调信号置 1 以增大触发角或关断角。为避免换流器发生振荡，必须选择合适的上限与下限，触发角、关断角上下限的典型值（可调）如表 5-2 所示。

表 5-2 　　　　　　　　　　触发角、关断角上下限的典型值　　　　　　　　　　（°）

θ	最小值	最大值
α	15	18
γ	17	20

5.3.7　直流输电系统故障保护

HYPERSIM 的控制系统包含直流故障保护和换相失败保护两种故障保护。

5.3.7.1　直流故障保护

HYPERSIM 可以对 HVDC 换流器中的任意阀门设置短路故障，也可在换流器末端设置直流短路接地故障。直流故障保护设置在整流侧。

当直流输电系统发生故障时，直流电压将无法保持额定值。通过对直流电压进行检测，如果发现直流电压在一段时间内低于指定阈值（用户可调），同时整流侧没有检测到低交流电压信号（说明交流侧未发生故障，由低交流电压检测功能判定），则判断为直流故障。

当发生直流故障时，整流器触发角 α 将被强制调节为大于 90° 的值，此时整流器将作为逆变器运行以隔离故障，经过一段时间后（时间可调节），触发角 α 将恢复原来的值。上述过程将一直重复至故障被消除或换流器闭锁。

直流故障保护功能会检测所有导致直流线路电压下降的故障，因此该功能无法区分逆变侧交流故障和逆变器换向失败故障。将参数"检测时间"设置为足够大的值可以禁用此功能。

5.3.7.2　换相失败保护

由于逆变器触发角 α 很大，比起整流器更容易发生换相失败故障，因此换相失败保护设置在逆变侧。

换向失败检测的原理为：正常状态下，交流侧与直流侧的电流几乎相等。发生换相失败时，直流侧逆变器某阀组短路，导致直流侧电流迅速增大；同时由于逆变器直流电压跌落至 0，进而导致交流侧电流下降。因此，换相失败检测判定为

$$I_{\mathrm{d}} - I_{\mathrm{ac}} > \mathrm{Tolerance} \tag{5-6}$$

$$I_{\mathrm{ac}} < I_{\mathrm{accf}} \tag{5-7}$$

式中　Tolerance——换相失败检测门槛值（标幺值）；

$\quad\quad I_{\mathrm{accf}}$——换相失败时交流侧电流阈值（标幺值）。

Tolerance 典型值为 $0.15 + 0.1 I_{\mathrm{d}}$，$I_{\mathrm{accf}}$ 典型值为 0.65（标幺值）。

当发生换相失败时，换相失败保护通过关断角 γ_{cf} 降低触发角 α 的上限值。触发角 α 上限值的降低可以有效降低发生换相失败的风险。此外，换相失败保护还将控制关断角 γ_{cf} 按照图 5-27 所示的形式变化：检测到换向失败时迅速增大 γ_{cf} 以保证本次换相失败迅速消除，同时控制 γ_{cf} 以很慢的速度衰减以避免发生连续换向失败。

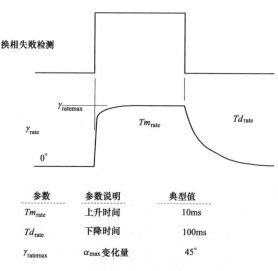

参数	参数说明	典型值
Tm_{rate}	上升时间	10ms
Td_{rate}	下降时间	100ms
$\gamma_{\mathrm{ratemax}}$	$\alpha_{\max}$ 变化量	45°

图 5-27　发生换相失败时关断角 γ_{cf} 的变化过程

通过控制指定晶闸管在一段时间内无法接收触发脉冲，可以阻止与其相邻晶闸管的换流过程，从而模拟换相失败故障。

5.3.7.3 换流器解锁

直流系统发生故障时可能会闭锁相应的换流器，因此在故障消除后需要对闭锁的换流器进行解锁，HYPERSIM 中可以采用自动或手动两种方式来解锁换流器。

由于手动解锁只有在直流电流低于指定阈值（标幺值为 0.1）时才能生效，因此需要通过降低参考电流来降低直流电流。当改变参考值时，相关联的参考电流都将发生变化，但其变化速率会受速率限制器限制，速率限制器的速率限值可由用户自行调整。自动解锁方式由直流故障保护系统控制，当换流器被闭锁时，控制系统不再对其阀门发出触发脉冲。

5.3.7.4 换流器启动

只有用手动方式解锁换流器时，换流器启动功能才有效。要启动换流器，必须执行以下操作：

第一步，将当前参考值置零。

第二步，发出启动指令，脉冲发生器发出正常脉冲信号至晶闸管，代替当前脉冲。

第三步，设置所需的电压电流参考值，解锁后，换流器的输出电压电流将调节至参考值。为了维持电流，启动时整流器的电流上升率将大于逆变器的电流上升率。

5.3.7.5 参数说明

本节对 HVDC 换流器内部通用控制系统的参数进行说明。

（1）控制参数页。控制参数页如图 5-28 所示。

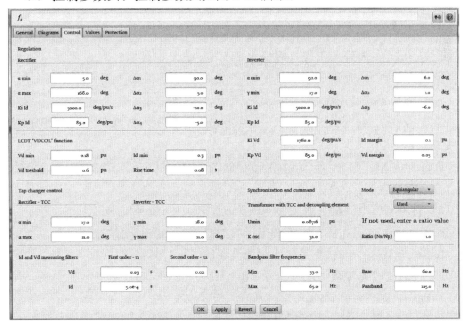

图 5-28　HVDC 换流器控制参数页

1）整流侧调节系统参数（rectifier）。

a. α min：触发角 α 下限值（°）。

b. α max：触发角 α 上限值（°）。

c. Ki Id：PI 电流调节器的积分参数（角度/标幺值/秒）。

d. Kp Id：PI 电流调节器的比例参数（角度/标幺值）。

e. $\Delta\alpha_1$，$\Delta\alpha_2$：$\Delta\alpha$ 限制参数正值（°）。

f. $\Delta\alpha_3$，$\Delta\alpha_4$：$\Delta\alpha$ 限制参数负值（°）。

2）逆变侧调节系统参数（Inverter）。

a. α min：触发角 α 下限值（°）。

b. γ min：关断角 γ 下限值（°）。

c. Ki Id：PI 电流调节器的积分参数（角度/标幺值/秒）。

d. Kp Id：PI 电流调节器的比例参数（角度/标幺值）。

e. Ki Vd：PI 电压调节器的积分参数（角度/标幺值/秒）。

f. Kp Vd：PI 电压调节器的比例参数（角度/标幺值）。

g. $\Delta\alpha_1$，$\Delta\alpha_2$：$\Delta\alpha$ 限制参数正值（°）。

h. $\Delta\alpha_3$：$\Delta\alpha$ 限制参数负值（°）。

i. Id Margin：电流补偿模式中的电流裕度 ΔI（标幺值）。

j. Vd Margin：电流补偿模式中的电压裕度 ΔV（标幺值）。

3）同步系统参数（Synchronization and command）。

a. mode：可选择等角同步模式（Equiangular）或等距同步模式（Equidistant）。

b. Umin：正向导通压降（取标幺值），电压大于该值时同步系统可发出触发脉冲。

c. K osc：振荡器增益。

d. Transformer with TCC and decoupling element：选择是否使用换流变的分接头控制。

e. Ratio（Ns/Np）：若使用换流变的分接头控制，需填写此项，取标幺值（标幺值取 1 时，为额定值）。

4）直流电压电流测量滤波器（Id and Vd measuring filters）。

a. First order-τ1：测量电流和电压时滤波器的一阶时间常数（s）。

b. Second order-τ2：测量电压时滤波器的二阶时间常数（s）。

5）带通滤波器参数（Bandpass filter frequencies）。

a. Base：中心频率（Hz）。

b. Min：允许通过频率下限（Hz）。

c. Max：允许通过频率上限（Hz）。

d. Band-pass：滤波器带宽（Hz）。

6）低压线流 VDCOL 参数（LCDT "VDCOL" function）。

a. $V_{d\,min}$：同 V_{dfmin}（标幺值），见图 5-23。

b. $I_{d\,min}$：同 $I_{drefmin}$（标幺值），见图 5-23。

c. Rise time：同 T_m（s），见图 5-23。

d. Vd threshold：同 V_{df1pu}（标幺值），见图 5-23。

7）分接头控制参数（Tap changer control）。

a. α min：整流器触发角 α 下限（°）。

b. α max：整流器触发角 α 上限（°）。

c. γ min：逆变器关断角 γ 下限（°）。

d. γ max：逆变器关断角 γ 上限（°）。

（2）保护参数页。HVDC 换流器的保护参数页如图 5-29 所示。

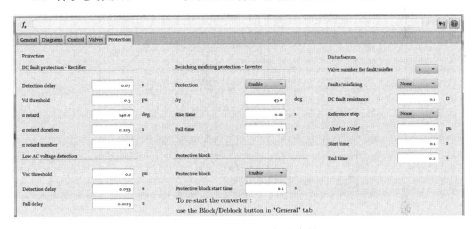

图 5-29　HVDC 换流器保护参数页

1）直流故障保护参数—整流侧（DC fault protection-Rectifier）。

a. Detection delay：直流故障检测时延（s）。

b. Vd threshold：触发直流故障检测的直流电源阈值（标幺值）。

c. α retard：检测到直流故障时，α 角立即增大至 α retard（°）。

d. α retard duration：在此期间内 α 角保持为 α retard（s）。

e. α retard duration：换流器闭锁前，α 角被强制增大为 α retard 的次数。

2）换相失败保护参数—逆变侧（Switching misfiring protection-Inverter）。

a. Protective block：选择是否启用换流器闭锁功能。

b. Protective block start time：换流器闭锁开始时间（s）。

3）低交流电压检测（Low AC voltage detection）。

a. Vac threshold：触发低交流电压检测功能的电压阈值（标幺值）。

b. Detection delay：低交流电压检测时延（s）。

c. Fall delay：保护动作之前，低交流电压信号的最小持续时间（s）。

4）换流器闭锁（Protective block）。

a. Protective block：选择是否启用换流器闭锁功能。

b. Protective block start time：换流器闭锁开始时间（s）。

5）故障扰动参数（Disturbance）。

a. 故障发生位置（Value number of fault/misfire）：可指定发生阀门故障/触发脉冲丢失的阀门编号，数字 1～12 依次对应于以下阀门编号：1Y、2Y、3Y、4Y、5Y、6Y、1D、2D、3D、4D、5D、6D，如图 5-30 所示。

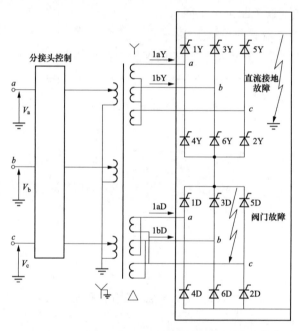

图 5-30　HYPERSIM 中 12 脉冲换流器结构及编号

b. 故障类型（Fault/misfiring）：可指定 5 种故障类型。

（a）None：无故障。

（b）Valve：阀门短路故障。

（c）DC：换流器出口接地故障。

（d）Misfiring：触发脉冲丢失（可模拟换相失败故障）。

（e）DC Y：与 Y 接绕组相连的换流器出口发生接地故障。

（f）DC Delta：与 △ 接绕组相连的换流器出口发生接地故障。

c. 直流接地故障电阻（DC fault resistance）：发生直流接地故障时的接地电阻值（Ω）。

d. 变化量参考值（Reference step）：用于选择变化量参考值（见图 5-22）。

（a）None：不设置参考值。

（b）ΔIref：电流变化量参考值。

（c）ΔVref：电压变化量参考值。

e. 电流电压变化量参考值（ΔIref、ΔVref）：填写电流或电压变化量参考值（标幺值）。

f. 开始时间（Start time）：故障开始时间（s）。

g. 结束时间（End time）：故障结束时间（s）。

6　其他元件建模

6.1　串并联电阻、电感、电容器（RLC）元件

RLC 元件是由 RLC 分支组成的单相、两相或三相元件，其中每个支路可以具有串联连接的电阻（R）、电感（L）和电容器（C）。串联的三个组件中的至少一个的值不得为零。RLC 元件分为串联型 RLC 元件和并联型 RLC 元件。

当元件值置零时，表示该元件没有被激活，在模拟计算过程中数值。

元件根据连接的母线类型自动从单相调整到三相。

6.1.1　RLC 元件图标和图表

表 6-1 和表 6-2 分别展示了用于表示串联和并联 RLC 元件的图标。根据连接类型，并联 RLC 元件的一端必须连接到总线，而另一端是否可以接地取决于连接类型。串联元件必须连接在网络中的两个母线之间。HYPERSIM 模型选项板允许用户从 14 个图标和图表中进行选择。

表 6-1　　　　　　　　　　串联 RLC 元件

元件类型	R	L	C	LC	RC	RL	RLC
元件图示							

对于并联元件，三相连接可采用三种方式：

（1）丫型接地连接：并联 RL 元件的一端与母线相连，另一端接地（见图 6-1）。

（2）丫接：RLC 元件的每个 RLC 支路一端连接到母线末端的相位，另一端连接在一起，但不接地。图 6-2 表示出了浮动丫连接的并联 RL 元件。

表 6-2 并联 RLC 元件

元件类型	R	L	C	LC	RC	RL	RLC
元件 图示							

（3）△接：在△接情况下，三相元件的三个 RL 支路都是△连接，且三角的每个顶点都连接到母线的一相。图 6-2 示出了一个并联 RL 元件△接。可以看出，图 6-2 和图 6-3 并不代表并联 RL 元件的实际连接，在操作过程中，可在图旁标注丫或△符号加以区分。

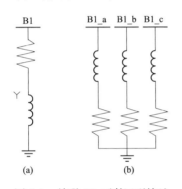

图 6-1 并联 RL 元件丫型接地

（a）单相示意图；（b）三相示意图

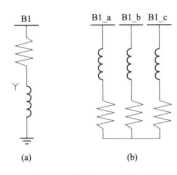

图 6-2 并联 RL 元件丫接

（a）单相示意图；（b）三相示意图

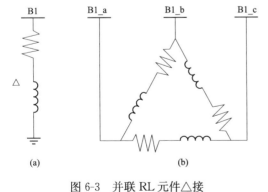

图 6-3 并联 RL 元件△接

（a）单相示意图；（b）三相示意图

6.1.2 参数说明

（1）参考值。

1）Base MVA：基准功率。

2）Base Volt：基准电压。

3）Base Freq：基准频率。

（2）连接方式。

1）对于 RLC 系列元件，仅限串联。

2）对于单相并联 RLC 元件，仅允许丫接地连接。

3）对于三相并联 RLC 元件，可以丫型接地、丫接或△接。

（3）单位制说明。

1）SI：国际标准单位（Ω、H 和 F 等）。

2）p. u.：各物理量及参数的相对值。

3）PQ：指定有功功率和无功功率中的分量值（MW，Mvar）。

（4）RLC 参数。

1）R：每相的电阻值。

2）L：每相的电感值。

3）C：每相的电容值。

（5）可用信号。在采集时，传感器提供的信号为 I（a，b，c）_ label，即三相元件中每相的电流（A），单相元件中的电流用 I _ label 表示。

（6）RLC 元件控制面板如图 6-4 和图 6-5 所示。

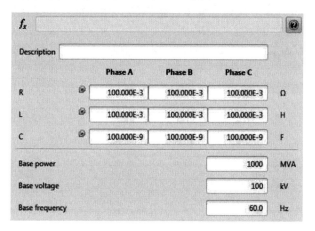

图 6-4　串联 RLC 元件控制面板

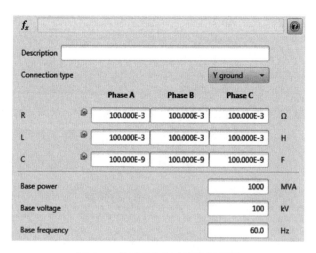

图 6-5　并联 RLC 元件控制面板

6.2 串并联非线性电阻

HYPERSIM 建立了非线性电阻模型来描述系统中不同类型的避雷器。这个模型与 EMTP 中的模型相似。它允许表示任何形式的非线性电流—电压关系，包括避雷器的典型行为。该模型有并行或串行连接两种实现方式。

6.2.1 非线性电阻器图标及说明

非线性电阻器图标及说明如图 6-6 所示。

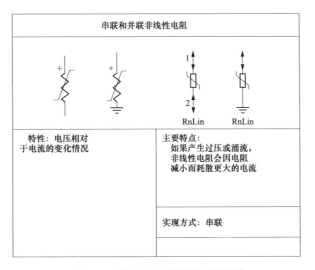

图 6-6　非线性电阻器图标及说明

6.2.2 非线性电阻器模型

非线性电阻模型主要由一条编译曲线组成，该曲线描述了非线性电阻电压 U 相对于电流 I 的变化规律，其斜率即为电阻值。为了表示避雷器，该曲线会随着电压的增加而弯曲。因此，如果发生过电压或雷击，则避雷器会因电阻减小而消耗更大量的电流。

电阻器的伏安特性曲线如图 6-7 所示。

U 的关系必须相对于 I（电压对电流）进行转换。这种转换可以通过 EMTP 法或矩阵法两种途径实现指数部分表达式的描述。

EMTP 方法需要的参数更多。例如，图 6-7 中绘制的曲线包含四个不同的伏安特性分段，三个指数分段和一个线性分段，从原点到 $V_{min}[0]$ 为线性分段，$V_{min}[0]$ 至 $V_{min}[1]$、$V_{min}[1]$ 至 $V_{min}[2]$ 及 $V_{min}[2]$ 之后分别为三个指数分段。实际使用中，常采用编译的方法描述曲线，只需知道每个点的电流值即可通过编译曲线计算获得对应的电压值。

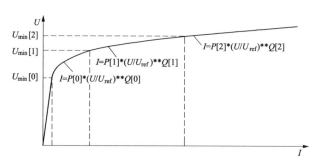

图 6-7　非线性电阻特性曲线

6.2.3　参数说明

（1）连接类型。

1）对于串联元件，仅限串联；

2）对于单相并联元件，仅允许丫型接地；

3）对于三相分流元件，允许丫型接地，丫接或△接。

（2）参数输入。

1）输入数据格式：选择参数输入方式，可以使用 EMTP 方法（指数段）或采用矩阵输入。

2）曲线的指数段数（不包括第一段线性部分）。

3）Vref：评估 $U_{\min}$ 值的基准电压（V）。

4）Vmin：每个部分的电压值变化，要提供的 $U_{\min}$ 值与指数段（标幺值）相同。

5）P：表征指数部分的值。P 值最多可与指数分段数量 A 相同。

6）Q：表征指数部分的值。要提供的 Q 值与指数部分的 Q 值一样多。

（3）F-Matrix 格式。正值部分与负值部分：

1）Symmetry：对称，用户定义从 0 到 $+U_{\max}$ 的曲线，并且此曲线对于负轴是重复的。

2）Asymmetry：不对称，用户定义从 $-U_{\max}$ 到 $+U_{\max}$ 的曲线，负轴部分可以与轴部分不同。

3）Number of points on the curve：曲线上的点数，指定电压曲线相对于电流的特征点数（从 1 到 30）。

4）V：基于用户指定数的电压点矢量，每个点对应于曲线上的一个位置（V）。

5）I：基于用户指定数的电流点矢量（A）。每个点对应于曲线上的一个位置。

（4）信号列表。在采集时，传感器提供以下信号：

1）I(a，b，c)_ label：非线性电阻器的每相电流。

2）SEG(a，b，c)_ label：指数部分。

（5）控制面板。图 6-8 和图 6-9 显示了非线性电阻的控制面板。

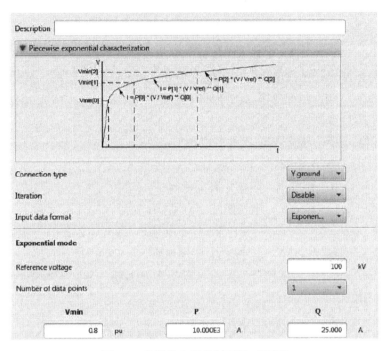

图 6-8　非线性电阻控制面板（通用）

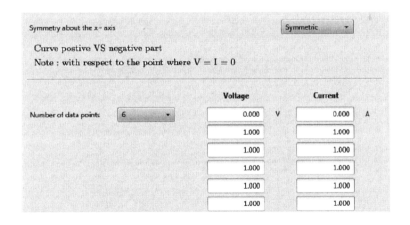

图 6-9　非线性电阻控制面板（表格）

6.3　互感

在三相耦合电抗器的模型中，R 和 L 元件耦合。该模型相当于无电容器的 PI 线路模型，如图 6-10 所示。

图 6-10　三相耦合电抗器图示

（1）参考值。

1）Base MVA：基准功率（国际标准单位或标幺值）。

2）Base Volt：基准电压（国际标准单位或标幺值）。

3）Base Freq：基准频率（国际标准单位或标幺值）。

（2）C-RL 参数。

1）矩阵/序列：选择要使用的参数类型：

2）RL 矩阵输入矩阵。

3）Matrix R：矩阵 R，阻抗矩阵的电阻值。

4）Matrix L：矩阵 L，阻抗矩阵的电感值。

5）Sequence 0：零序，零序电阻-零序电感。

6）Sequence 1：正序，正序电阻-正序电感。

（3）D-Available 可用信号列表。与 EMTP 的情况一样，三相耦合电抗器的模型不向用户提供任何信号。

（4）E-三相耦合电抗器的电子控制面板。图 6-11 显示了三相耦合电抗器的控制面板。

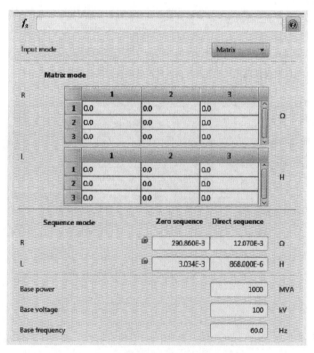

图 6-11　三相耦合电抗器控制面板

6.4　解耦元件

为了降低计算量，可以采用解耦元件将复杂任务划分为两个子任务。解耦元件有两种类型，即带有隔离变压器的解耦元件和不带隔离变压器的解耦元件。第一类可以是单相或三相元件，而第二类为严格的三相元件。解耦元件取代了两个待解耦的电力系统之间的电抗器。

在解耦元件图中，圆点标记的是元件的 2 侧。需要注意的是，不能将串联电抗器留在解耦元件的 1 侧。

（1）解耦元件图标和图表如图 6-12 所示。

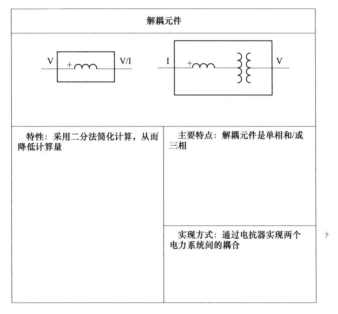

图 6-12　解耦元件图标和图表

（2）通用参数。

1）相数：1 或 3。

2）接地相（A、B、C）：接地相（如果没有相接地则留空）。

3）串联 RL 元件（如果解耦元件用于单项，则仅指定一个值，如果用于三相电力系统，则指定三个值）。

4）R：电阻（Ω）。

5）L：电感（H）。

6）Gain：增益，隔离变压器的变比（V2/V1）。

（3）无隔离变压器解耦元件的应用。图 6-13 和图 6-14 示出了不带隔离变压器的解耦元件在三相电源中的用途。

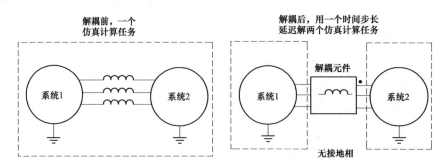

图 6-13　两个接地系统的解耦

图 6-14　两个中性点不接地系统的解耦

图 6-15 和图 6-16 展示了两个带隔离变压器解耦元件的应用。图 6-16 中，当两个电力系统中的某一相通过简单的解耦元件（不带隔离变压器）接地，无益于整个电力系统的运行时，这种元件尤其适用。解耦元件将一侧的一相接地，由于隔离变压器，元件的另一侧仍保持悬空。换流站就是使用这种元件的一个很好例子。为了将晶闸管桥与换流变压器分开，必须采用带隔离变压器的解耦元件。在这种情况下，可以用悬空的丫绕组漏抗进行解耦。

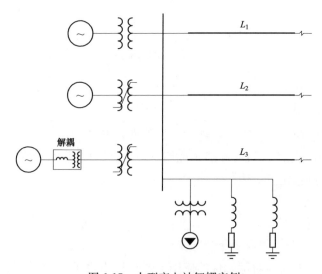

图 6-15　大型变电站解耦实例

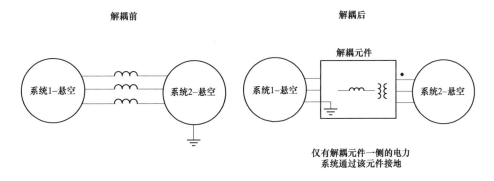

图 6-16 带隔离变压器的解耦元件应用

使用这些元素创建一个时间步长的延迟。因此，它可以创建模拟的发散点，可以根据具体情况使用，也可以不使用。

提示：将变电站变压器的漏阻抗换成与变压器一次绕组串联的解耦元件，并将参数从一个元件传递到另一个元件，是实现变电站解耦的一种好方法。但同样，取决于模拟网络的短路功率，它可能工作，也可能不工作。

（4）解耦元件的控制面板如图 6-17 和图 6-18 所示。

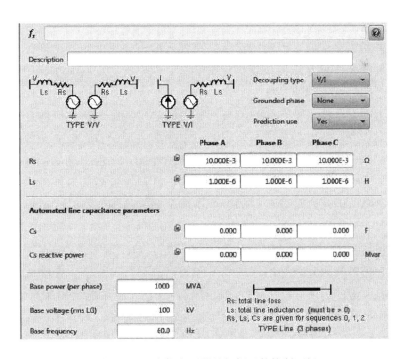

图 6-17 无自耦变压器的解耦元件控制面板

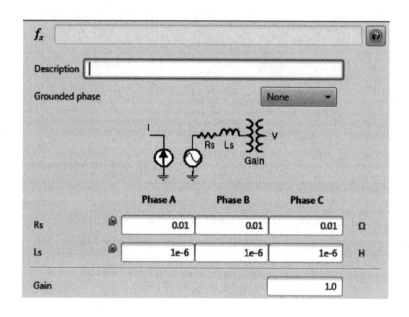

图 6-18　带自耦变压器的解耦元件控制面板

6.5　避雷器及其分类

变电站避雷器是为了限制由输电线路侵入的雷电过电压或由断路器、隔离开关等引起的操作过电压而设置的保护装置。同样的，线路避雷器用来防止雷击时绝缘子串、空气间隙闪络。

对于运行安全性、稳定性的要求不断提高的超高压、特高压输变电工程来说，避雷器作为输变电系统中高效限制过电压的关键设备，电力系统的保护和电气设备的安全运行很大程度上依靠避雷器的性能，倘若未能限制过电压造成设备侵害，势必造成电力系统重大经济损失，甚至导致局部电网停电，供电可靠性极度下降，因此避雷器良好的运行特性及高效的动作特性对于输变电系统凸显重要。

随着科学技术的发展和进步以及电力系统过电压预防及保护水平不断的完善和提高，避雷器因其较好的保护水平和较高的运行可靠性，在输变电系统中扮演着日益关键的角色。与传统碳化硅避雷器相比，金属氧化物避雷器（Metal Oxide Arrester，MOA）兼备大通流容量、动作时延短、无续流、低残压等独特优势，已然成为性能最好和发展最快的电力系统过电压关键设备。

氧化锌避雷器结构简单，内部是其核心器件——氧化锌压敏电阻，外部为绝缘材料制作的外护套，本体的两端密封后用金属法兰进行封装。氧化锌避雷器的运行特性是指在经历内部过电压和外部过电压时能快速吸取过电压的冲击能力，率先击穿氧化锌压敏电阻，进而保护被保护设备免受过电压的侵害，降低雷击破坏力和线路跳闸率，防止过电压损伤电气设备。

氧化锌压敏电阻在电力系统中作为避雷器的关键器件，其性能及工艺水平的优劣直接制约着金属氧化物避雷器的发展，其电气性能决定了避雷器限制过电压的水平。凭借优良的非线性伏安特性和冲击能量吸收能力，氧化锌避雷器可在交、直流电力系统中应用，其中，交流系统无间隙金属氧化物避雷器是当今高、中、低电力系统服役最广泛的过电压保护设备，用以限制过电压对回路或系统的危害。

避雷器是用于保证电力系统安全运行的重要保护设备之一，主要用于限制由线路传来的雷电过电压或由操作引起的内部过电压。

避雷器连接在线缆和大地之间，通常与被保护设备并联。避雷器可以有效地保护通信设备，一旦出现不正常电压，避雷器将发生动作，起到保护作用。当通信线缆或设备在正常工作电压下运行时，避雷器不会产生作用，对地面来说视为断路。一旦出现高电压，且危及被保护设备绝缘时，避雷器立即动作，将高压冲击电流导向大地，从而限制电压幅值，保护通信线缆和设备绝缘。当过电压消失后，避雷器迅速恢复原状，使通信线路正常工作。因此，避雷器的主要作用是通过并联放电间隙或非线性电阻的作用，对入侵流动波进行削幅，降低被保护设备所受过电压值，从而起到保护通信线路和设备的作用。

避雷器分为很多种，主要类型有管型避雷器、阀型避雷器和氧化锌避雷器等。每种类型避雷器的主要工作原理是不同的，但是它们的工作实质是相同的，都是为了保护通信线缆和通信设备不受损害。

管型避雷器由内外间隙串联组成。产生气管是由纤维管、竖料管或硬橡胶制成，管内有棒形与环形电极组成的内间隙。制造产气管的材料不能长期耐受电压的作用，在正常运行情况下，必须通过外间隙与线路隔离。当有高于被保护设备的过电压袭击时，外间隙首先击穿，然后内间隙立即放电，把雷电流引入大地。产气管在电弧作用下产生大量气体，从环形电极的开口孔喷出。电弧就能在工频续流第一次过 0 时被熄灭。产气管使用寿命有限，每次动作后要消耗一部分管壁材料，产气量一次比一次少，灭弧能力下降，最后不能保证可靠灭弧。产气管要根据系统电压等级和安装点的短路电流值选择。

管型避雷器实际是一种具有较高熄弧能力的保护间隙，它由两个串联间隙组成，一个间隙在大气中，称为外间隙，它的任务就是隔离工作电压，避免产气管被流经管子的工频泄漏电流所烧坏；另一个装设在气管内，称为内间隙或者灭弧间隙，管型避雷器的灭弧能力与工频续流的大小有关。这是一种保护间隙型避雷器，大多用在供电线路上作避雷保护。

阀型避雷器由火花间隙及阀片电阻组成，阀片电阻的制作材料是特种碳化硅。利用碳化硅制作的发片电阻可以有效地防止雷电和高电压，对设备进行保护。当有雷电高电压时，火花间隙被击穿，阀片电阻的电阻值下降，将雷电流引入大地，这就保护了线缆或电气设备免受雷电流的危害。在正常的情况下，火花间隙是不会被击穿的，阀片电阻的电阻值较高，不会影响通信线路的正常通信。

阀型避雷器的主要部件是间隙和阀片（非线性电阻盘）。阀片是为了限制雷电流之后的工频续流而协助间隙灭弧的。

金属氧化物避雷器由其非线性好、响应速度快、吸收能量大等优异电气性能而广泛应用于电力系统的过电压防护中，是限制操作和雷电过电压的重要电气元件之一。金属氧化物压敏电阻（Metal-Oxide Varistor，MOV）是 MOA 的限压元件，它吸收过电压能量的能力和限制过电压的效果决定了 MOA 的主要性能。在电磁暂态计算程序（EMTP）中正确搭建仿真模型，是 MOA 的绝缘配合计算和性能评估的关键。

为准确模拟 MOV 在陡波电流下的动态特性，国内外学者对 MOA 的动态建模做了大量研究。其中，IEEE 3.4.11 工作组经多方搜集数据，提出了适用于电流波头时间在 $0.5 \sim 45 \mu s$ 的 IEEE 模型。基于 IEEE 模型的各种简化模型也相继出现，Pinceti 模型和 Fernandez 模型是其中两种准确度高且参数确定简单的 MOA 动态模型。

（1）非线性电阻模型。非线性电阻模型即伏安特性模型，在 EMTP 中常用 Type-92 来建模，用分段线性的 U-I 点来组成伏安特性曲线，每个线性分段由以下约束方程定义

$$i = p \left(\frac{v}{U_{ref}} \right)^q \tag{6-1}$$

式中 p、q——乘数、指数因子；

　　U_{ref}——任意基准电压，使方程标准化并防止指数运算时数据溢出。

由式（6-1）可见，非线性电阻模型形式较为简便，计算效率高，在实际应用过程中，避雷器的伏安特性曲线往往已知，因此该方法应用较为普遍。然而，非线性电阻模型仿真计算精度差的问题也限制了其在深入分析问题时的应用。

（2）CIGRE 避雷器模型。如表 6-3 所示，CIGRE 在四个过电压领域都用非线性电阻模拟避雷器，不同的是，在特快波前过电压领域和快波前过电压领域的一部分，除了避雷器的非线性电阻特性外，还需要考虑避雷器的接地引线和避雷器自身的固有电感。因为接地引线和氧化锌避雷器的固有电感会降低避雷器的限压作用。这些电感的单位长度（或高度）的平均值为 $0.5 \sim 1 \mu H/m$。

表 6-3 串联 RLC 元件

氧化锌避雷器	暂时过电压领域	缓波前过电压领域	快波前过电压领域	特快波前过电压领域
限压特性 $u_r(i)$	u_r, $u_r(i)$, i	u_r, $u_r(i)$, i	u_r, $u_r(i)$, i	u_r, $u_r(i)$, i
温度对限压特性的影响	对热容量评价时重要	不考虑	不考虑	不考虑
固有电感	不考虑	不考虑	重要	非常重要
对地电感	不考虑	不考虑	重要	非常重要

　　CIGRE 模型的非线性电阻特性是对应标准雷电冲击波电流（$8/20\,\mu s$）的（标准操作冲击波为 $30/80\,\mu s$）。但是氧化锌避雷器对于波前长为数微秒以下的陡波前电流，会出现限压上升的现象，此时需要使用 IEEE 模型或者其他考虑陡波特性的避雷器模型。

　　（3）IEEE 模型。IEEE 模型考虑了避雷器的陡波前特性，如图 6-19 所示。这个模型适用波前长 $0.5\sim 45\,\mu s$ 的范围。这个模型有两个非线性电阻 A_0 和 A_1。A_1 对应标准雷电冲击波电流（$8/20\,\mu s$）；A_0 对应陡波前雷电冲击电流，A_0 的限压高于 A_1。A_1 和 A_0 用由电阻 R_1 和电感 L_1 构成的滤波器隔离，这个滤波器对有较缓波前的冲击波有较小的阻抗。模型中，L_0 是表示避雷器周围磁场的很小的电感，R_0 是为了抑制数值振荡的电阻，C 是避雷器的杂散电容。

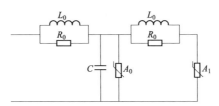

图 6-19　金属氧化物避雷器的 IEEE 模型电路图

A_0、A_1—非线性电阻；R_0—为避免计算程序的数值振荡而引入的电阻；

L_0—构成内、外部磁场的电感；C—MOA 的固有电容

　　IEEE3.4.11 工作组为模拟 MOA 在陡波冲击电流下的显著动态特性做了大量工作，提出了如图 6-19 所示的等值电路模型。IEEE 模型计算 MOA 残压的准确度高，但模型参数的确定比较复杂，不仅需要 MOA 的电气、结构参数来计算，还要经多次迭代校正后才能得到满意参数值。该模型的准确性较非线性电阻模型有了大幅提高，且模型更符合 MOA 实际结构特点，计算结果的精确程度更好。该模型为 MOA 的仿真计算提供了新的思路，后续研究者在 IEEE 模型基础上开展了进一步研究。

（4）Pinceti 模型。考虑到 IEEE 模型参数确定的复杂性，意大利学者平切蒂（Pinceti）对 IEEE 模型进行了简化，模型电路如图 6-20 所示。

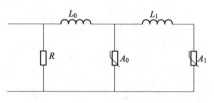

图 6-20　Pinceti 模型电路图

对比 IEEE 模型，Pinceti 模型认为在波头时间为 $0.5\sim45\,\mu s$ 的雷电和操作波下，MOA 的电容效应可以忽略；为避免数值振荡，他将 IEEE 模型中的电阻 R_0、R_1 用并联在输入端的大电阻 R（约 $1M\Omega$）取代。该模型中，非线性电阻 A_0 和 A_1 的确定方法与 IEEE 模型相同。Pinceti 模型的参数确定只取决 MOA 的电气参数，不需几何尺寸，不用计算初始参数，也无需校正参数值。在保证计算精度的前提下，简化了模型参数确定方法。

（5）Fernandez 模型。阿根廷学者费尔南德斯（Fernandez）提出了另一种 IEEE 简化模型，如图 6-21 所示。该模型在 IEEE 模型的基础上省略了 R_0、L_0，非线性电阻 A_0、A_1 间只有一个电感 L_1。C 代表了 MOA 的端对端电容，与 A_0 平行的电阻 R 用于避免数值振荡。A_0、A_1 的非线性特性由厂商提供的伏安特性确定，在伏安特性的电压范围内，设定流过 A_0、A_1 的电流比例一般为 0.02。

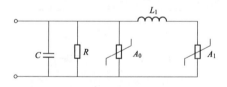

图 6-21　Fernandez 模型电路

6.6　避雷器仿真建模实例

以上为基于 EMTP 的几种避雷器模型，实际计算过程中，由于避雷器的伏安特性曲线往往已知（出厂说明或通过实验获取），非线性电阻模型的计算精度可以满足工程应用需求，因而被广泛采用，本节通过一个应用实例来具体说明该模型的应用。

6.6.1　模型设置

在模型库 Network RLC 单元中，选取 R nonlinear 元件作为避雷器模型（见图 6-22）。

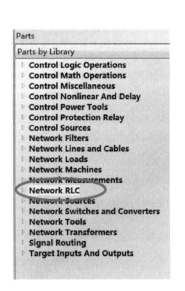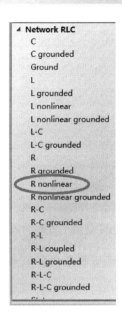

图 6-22　避雷器模型的选取路径

避雷器模型的控制面板如图 6-23 所示，在该控制面板中设置避雷器曲线是否对称，并根据所建避雷器模型选择避雷器段数及填写数据。

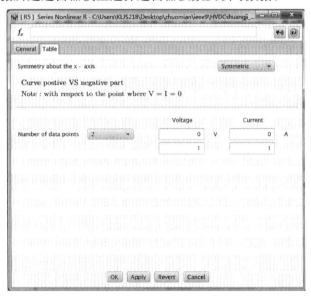

图 6-23　避雷器模型的控制面板

6.6.2　750kV 避雷器（YH20W4-648/1491）仿真建模

首先对额定电压为 648kV 的避雷器进行仿真建模，模型如图 6-24 所示。

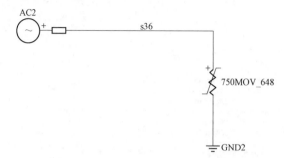

图 6-24　648kV 避雷器仿真模型

6.6.3　750kV 避雷器（YH20W4-648/1491）伏安特性参数设置

根据 648kV 避雷器的伏安特性曲线填写避雷器控制面板中的数据，如图 6-25 所示。

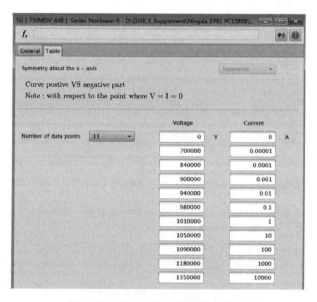

图 6-25　648kV 避雷器的伏安特性

6.6.4　750kV 避雷器（YH20W4-648/1491）仿真结果

运行仿真模型后，在 ScopeView 中观测避雷器的端电压与电流波形，如图 6-26 所示，与所设置的 U-I 曲线一致。

6.6.5　750kV 避雷器（YH20W4-600/1380）仿真建模

对额定电压为 600kV 的避雷器进行仿真建模，模型如图 6-27 所示。

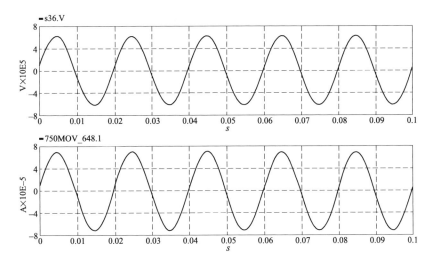

图 6-26 避雷器的端电压与电流波形

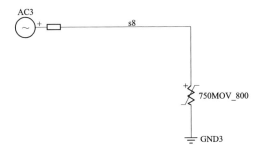

图 6-27 600kV 避雷器仿真模型

6.6.6 750kV 避雷器（YH20W4-600/1380）伏安特性参数设置

根据 600kV 避雷器的伏安特性曲线填写避雷器控制面板中的数据，如图 6-28 所示。

Number of data points	11	Voltage		Current	
		0	V	0	A
		660000		0.00001	
		780000		0.0001	
		830000		0.001	
		880000		0.01	
		905000		0.1	
		950000		1	
		980000		10	
		1010000		100	
		1095000		1000	
		1250000		10000	

图 6-28 避雷器的伏安特性

6.6.7　750kV 避雷器（YH20W4-600/1380）仿真结果

运行仿真模型后，在 Scopeview 中观测避雷器的端电压与电流波形，如图 6-29 所示，与所设置的 U-I 曲线一致。

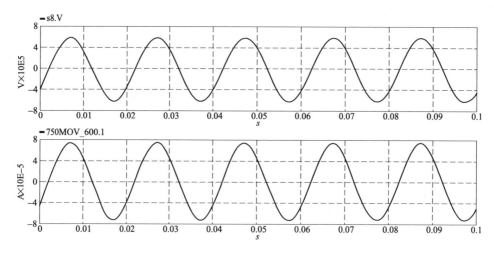

图 6-29　避雷器的端电压与电流波形

6.7　断路器和隔离开关

在电力系统中，将电路断开或接通的操作称为分合操作，实行分合操作的设备称开关设备。电力系统的开关设备主要有断路器和隔离开关两种。

断路器不仅能通断正常负荷电流，而且能通断一定的短路电流，可用来投切线路和变压器，并能在保护装置作用下自动跳闸，切除短路故障。高压断路器按灭弧介质不同可分为油断路器（少油和多油）、压缩空气断路器、六氟化硫断路器、真空断路器等，目前主要使用六氟化硫断路器和真空断路器。

隔离开关没有切断负荷电流的能力，但可在电路中建立可靠的绝缘间隙，保证检修人员的安全，或者参与道闸操作，还可接通或断开电流较小的电路。在传统的敞开式变电站采用敞开式隔离开关，在混合式变电站或者全 GIS 变电站，采用气体绝缘式隔离开关。

同样是暂态过程，所考虑的过电压领域不同，断路器和隔离开关的模型不同。电力系统的暂态过程往往是因为状态的变化造成的。这种变化可以是断路器正常或故障操作而引起触头的闭合或开断；可以是雷电入侵波或操作过电压引起有间隙避雷器间隙击穿或电流过零时电弧的熄灭；也可以是系统发生故障造成相对地或相间突然短接等。在暂态计算中把电路中节点之间的闭合和开断用广义的开关操作来表示。因此，开关的计算模型以及正确处理开关操作引起系统状态变化的程序方法，是电力系统电磁暂态计算的重要组成部分。

6.7.1 理想开关

理想开关是开关在闭合和开断状态时的一种理想化模型，即假定在闭合状态时，触头间的电阻等于零，即开关上的电压降等于零；开关在开断状态时，触头间的电阻等于无穷大，即经过开关的电流等于零。开关的分、合操作是在瞬间完成这两种状态间的过渡。

实际开关在分、合操作过程中，触头动作时间在机械和电气上总是存在一定的差别，在合闸过程中，开关触头在机械上还没有接触，但是其间隙变得越来越小，当作用在触头间的电压超过所能耐受的强度时，会发生"预计穿"现象，使电的闭合比机械上的接触更早一些。在开断交流电弧过程时，在电流过零后，灭弧间隙上海存在介质恢复强度和恢复电压的增长过程，由两者增长的快慢来决定电弧能否熄灭。当恢复电压超过介质恢复强度时，可能发生电弧"重燃"现象，此时不能开断。实际上在灭弧过程中间隙从导电状态过渡到绝缘状态有一个过程。在这过程中触头间存在一定的导电联系，这显然区别于理想开关模型。研究表明，开断过程中灭弧间隙上的电阻和电路的恢复电压之间存在相互影响。一般认为，开关在电流过零后的过程可以用一个非线性或时变电阻来模拟。

根据开关的特性和功能不同，常用理想开关又可分为以下几种不同类型。

（1）时控开关。开关按给定的时间进行分、合操作。在闭合时不考虑"预计穿"现象。在开断时不考虑重燃现象，但达到给定的开短时间后，电弧并不立即熄灭，只有当电流第一次过零或电流的绝对值小于某给定值时，电弧熄灭，开关采真正开断。这一功能是通过程序自身检测开关流过电流幅值及电流改变方向来实现的。

在暂态计算中这种开关模型是最简单，也是最常用的。常用于民用电力系统断路器的分、合操作以及各种短路故障等。三相系统只用三相时控开关。

（2）压控开关。这种开关在正常状况下处于开断状态。只是当暂态过程中开关触头之间的作用电压超过给定数值时，开关闭合。此后，可以在电流再次过零时开断，也可以在一给定的迟延时间以后电流第一次过零时开断，以满足电力系统开关动作的不同需要。这类开关常用来模拟间隙避雷器放电间隙的击穿，绝缘子串在过电压作用下的闪络等。必要时也可以考虑间隙放电的伏秒特性。另外可以把这种模型用来作为非线性元件分段线性化的开关元件。

（3）晶体管开关。这类开关模拟晶体管的开关特性，晶体管开关有二极管和三极管。二极管开关用来模拟二极管的单相导电特性，当二极管受正向电压作用时导通，正向电阻很小，相当于开关导通，当开关两端部有反向电压作用时开关断开。三极管开关用来模拟三极管的饱和与截止特性。当基极加反向电压时，晶体管三极管工作在截止区，这时，三极管的管压很大，流过三极管的电流很小，三极管呈现高阻抗，近似于开路，即开关断开。当基极加正向电压时，晶体三极管工作在饱和区，流过三极管的电流很大，三极管的管压却很小，三极管呈现低阻抗，相当于短路，即开关导通。

（4）可控二极管开关。可控二极管开关与晶体管开关类似，只是其闭合与开断是通过控制极 G 引进的外部控制信息决定的。电磁暂态计算程序还设有TACS控制开关，具有控制系统暂态分析的功能，可用于高压直流输电系统换流站控制系统、同步发电机励磁系统的模拟。

（5）测量开关。有些支路在时步循环更新过程中不能计算出电流，因此需要使用测量开关，集中或分布参数的多相耦合支路就属于这类支路。在暂态模拟和交流稳态解中，测量开关总是闭合，用于测量电流、功率等参数。

（6）统计开关。进行操作过电压概率分布计算时需要这类三相开关，此类开关的开断和闭合时间在一定范围内按一定的方式进行选取。通常可采用两种计算模型。在对操作过电压进行计算时用的最普遍的方法是在给定的范围内随机选择操作时间（蒙特卡罗方法）。操作时间在给定的范围内可以服从某种概率分布，如正态分布、均匀分布等。在每次统计开关的操作时间可改变后，算例又重新计算，这样可以计算电力系统操作过电压的概率分布。统计开关实际上也是时控开关，只是它可以自动按照指定的次数多次动作，动作时间按高斯分布或均匀分布随机变化。

6.7.2　断路器和隔离开关模型

（1）暂时过电压领域。主要以暂态过电压计算为对象，通常不考虑隔离开关，用理想时控开关模拟断路器。

（2）缓波前过电压领域。操作过电压和暂态恢复电压是主要研究对象，通常也省略隔离开关，用理想时控开关模拟断路器。

6.8　电子开关建模

在 HYPERSIM 中，开关被建模为可变电阻，如果开关闭合，则电阻值非常低；如果开关打开，则电阻值非常高。开关的控制信号可以由以下部件提供：内部源，外部源通过数字输入，或控制系统模块或通过 Simulink。除开关控制信号外，开关的断开和闭合取决于开关两端的电压和通过开关的电流。图 6-30的图标和图表用于表示电子开关。

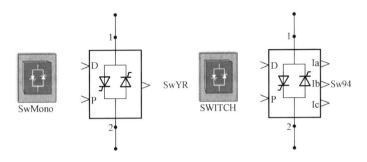

图 6-30　电子开关

6.8.1　参数描述

（1）基本参数。Connection（Series＝S Delta＝D）：如果是"S"（串联），则交换机的每个成员与网络的一个相位串联；如果为"D"（△接），则交换机的每个成员连接在网络的两个相位之间。△接目前不起作用。

（2）开关参数。

1）Type：类型，设置所用开关的类型。每个阶段可以使用不同类型的开关。某些类型每相需要两个命令信号，因为它们是由两个不同的元素设计的。

2）Ideal switch：理想开关，传导和阻断取决于命令信号。

3）Breaker：断路器，命令信号设置阻断。传导取决于命令信号和目前的强度。

4）Thyristor：晶闸管，阻断由命令信号和电流强度设定。通过命令信号和晶闸管端子处的电压来设定启动。

5）Back-to-back thyristor：背靠背晶闸管。晶闸管的闭锁由其自身的指令信号和电流强度决定。启动条件由其自身的命令信号和每个晶闸管的端电压决定，每相都需要两个条件同时满足才能启动。

6）Back-to-back thyristor：背靠背晶闸管。晶闸管的闭锁由指令信号和电流强度决定。启动条件由指令信号和端电压来确定。

7）Diode：二极管。二极管的闭锁仅由通过二极管的电流强度决定，启动条件仅由二极管端电压决定。

8）GTO：如果电流可接受，则由命令信号设置 GTO 阻断。GTO 触发由指令信号和 GTO 端子的电压设定。

9）Back-to-back GTO and diode：背靠背 GTO 和二极管，如果电流可接受，则由命令信号设置 GTO 阻断。GTO 触发由指令信号和 GTO 端子的电压设定。二极管的闭锁仅由通过二极管的电流强度决定，启动条件仅由二极管端子电压设定。

（3）失败信号复位。默认归零。如果"ENABLE"按钮为灰色，则 FailSig_label 将重置为零。如果开关（二极管、晶闸管或 GTO）达到其正常或反向击穿电压或者发生了不合时宜的点火，则会产生此信号。

（4）稳定状态。基于每相的稳态开关的状态。如果开关打开则为"0"，如果要关闭开关则为"1"。

（5）精密阀值。调试高精度开关（二极管、晶闸管或 GTO）。由于计算的时间步长对应的开关状态发生了改变，所以补偿了数字误差。

（6）其他参数。

1）Open State Resistances：开路电阻。开路状态下开关的 A、B 和 C 三相的电阻。

2）Closed State Resistances：闭合电阻。闭合状态下开关的 A、B 和 C 三相的电阻。

3）Holding curren：保持电流。电流阈值低于该阈值时阀门被自动阻止，与理想开关无关。

4）Snubber Capacitance：缓冲电容。与阀门并联的分支 RC 缓冲器的电容。

5）Snubber Resistance：缓冲电阻。与阀门并联的分支 RC 缓冲器的电阻。

6）Forward Break Overvoltage：正向过电压（V）。阻断阀上过电压的最高值，仅与二极管、GTO 和晶闸管有关。

7）Reverse Break Overvoltage：反向过电压（V）。阀门过电压的最高值，仅与二极管、晶闸管和 GTO 有关。

8）Turn-off Time：关闭时间。最短的时间间隔，在此期间阀门上的电压必须保持为负，以避免在正向电压变为正时阀门再次点火，仅与晶闸管有关。

9）GTO Maximum Breakable Current：GTO 最大可断电流。可以通过 GTO 关闭命令关闭的 GTO 电流的最大值，仅与 GTO（A）相关。

10）Forward Voltage Drop：正向压降（V）。可以进行阀门点火的最小正向电压，仅与二极管、晶闸管和 GTO 有关。

6.8.2　命令

（1）External：外部。命令信号来自数字输入。

（2）Block of Commands：命令模块。命令信号来自开关图标上的"Control Block"输入。

（3）Simulink：命令信号来自 HyperLink 块。必须提供以下信息：①目录，存储 Simulink 模型的目录的完整路径；②型号名称，Simulink 型号的名称；③执行时间，Simulink 模型的估计或计算执行时间。

6.8.3 可用信号列表

（1）在采集时，传感器可以获得以下信号：

1）Ia，b，c＿label：通过开关的电流（标幺值）。

2）cmd12，a，b，c＿label：开关"1 至 2"组件的触发命令。

3）cmd21，a，b，c＿label：开关"2 对 1"组件的触发命令。

4）state12，a，b，c＿label：交换机"1 到 2"组件的状态。

5）state21，a，b，c＿label：交换机"2 对 1"组件的状态。

6）FailSig，a，b，c＿label：来自交换机的报警信号。

（2）电子开关控制面板如图 6-31 所示。

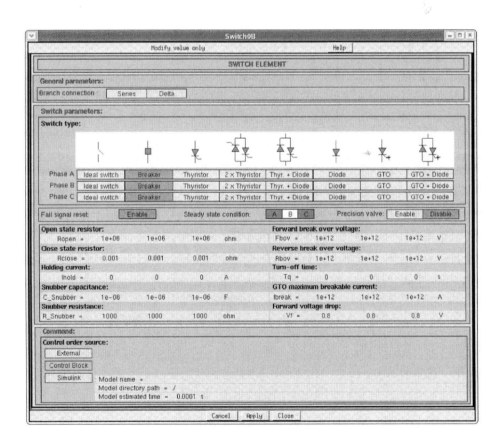

图 6-31 电子开关控制面板

6.9 串联断路器和断路器故障

6.9.1 分流器和串联断路器

断路器模拟为可变电阻，如果断路器闭合，则电阻值非常低；如果断路器断开，则电阻值非常高。断路器的控制信号可以由内部定时控制，外部源通过控制模块数字输入或通过 Simulink 提供。

（1）断路器图标。断路器有：串联断路器和故障断路器两种类型，图标分别如图 6-32 和图 6-33 所示。

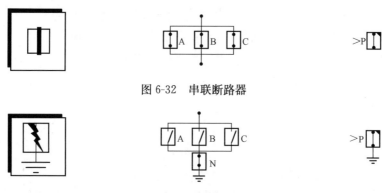

图 6-32　串联断路器

图 6-33　故障断路器

（2）参数值。

1）Base MVA：基准功率。

2）Base Volt：基准电压（kV）。

3）Base Freq：基准频率（Hz）。

4）连接。对于串行断路器（Serial＝S）：仅串联连接有效，在这种情况下，串行断路器的每个分支与网络的一个相串联；对于故障断路器（Yg）：仅"Yg"连接有效，在这种情况下，串行断路器和故障断路器的数据形式中的 Delta 连接选项（D）不起作用。

5）类型（Breaker＝0，Switch＝1）：如果为"0"，断路器中的电流在发出开启指令后低于裕量电流时断路器打开；如果为"1"，则断路器的行为类似于普通开关，并在发出命令后立即打开。

6.9.2 断路器参数

（1）通用参数。图 6-34～图 6-37 分别展示了串联断路器和故障断路器的通用界面及时间界面，其中各参数含义及设置规则如下。

1）Open State Resistances：开路电阻。开路状态下断路器的 A、B 和 C 三相的电阻。

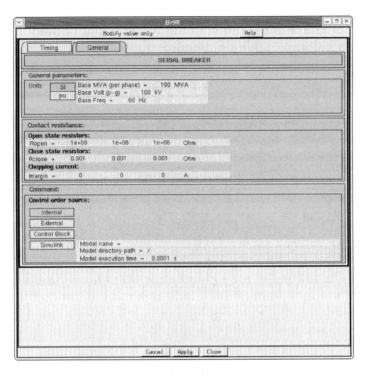

图 6-34 串联断路器的数据（基础界面）

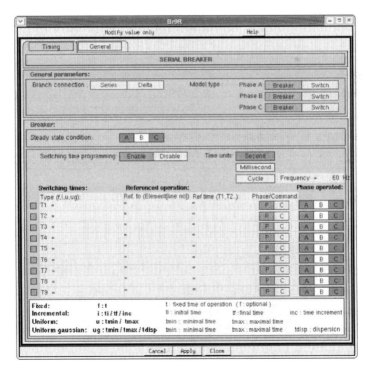

图 6-35 串联断路器的数据（时间界面）

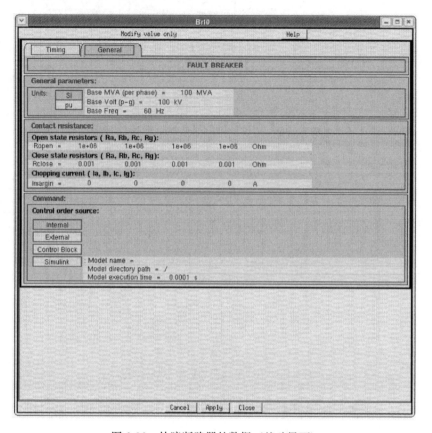

图 6-36　故障断路器的数据（基础界面）

2）Closed State Resistances：闭合电阻。闭合状态下断路器的 A、B 和 C 三相的电阻。

3）I margin：允许断路器打开的电流绝对值。

4）Steady State Condition：断路器 A、B、C 和接地断路器处于稳定状态。断路器打开时为"彩色"，断路器关闭时为"灰色"。

5）Switching Time Programming：启用或禁用编程的操作时间。

6）Time Units：时间单位，可以为秒、毫秒或周期（如果使用周期作为时间单位，则频率是固定的）。

7）Phase Operated：如果在 Spectrum 中启用"切换"进行数据采集，则指定断路器 A、B、C 和接地断路器中的哪一个可以改变状态。对于发生状态的变化，操作时间 T1 和 T2 必须满足 T1＜T2。

8）T1 Operation Time：当断路器或接地断路器的状态改变时的相对时间（相对于同步，s 或 ms）。

9）T2 Operation Time：当断路器或接地断路器的状态返回到稳态位置时的

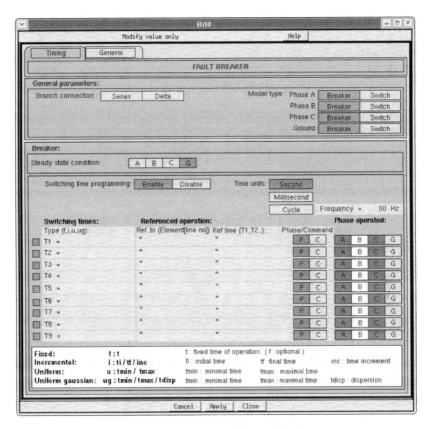

图 6-37　故障断路器的数据（时间界面）

相对时间（相对于同步，s 或 ms）。

10）Control Order Source：指定控制信号的原点（Internal ＝ 0，External ＝ 1，Simulink ＝ 2）。

（2）可用信号列表。在采集时，传感器可以获得以下信号：

1）Com_label_a，b，c：相位断路器命令（标幺值）。

2）Com_label_n：接地断路器命令（标幺值，仅用于故障断路器）。

3）I_label_a，b，c：相位断路器电流（标幺值）。

4）I_label_n：接地断路器电流（标幺值，仅用于故障断路器）。

7　电磁暂态仿真计算

　　电力系统发生故障或进行操作时，系统的运行参数发生急剧变化，系统的运行状态有可能急促地从一种运行状态过渡到另一种运行状态，也有可能使正常运行的电力系统局部甚至全部遭到破坏，其运行参数大大偏离正常值，如不采取特别措施，系统很难恢复正常运行，这将给国民经济生产和人民生活带来严重的后果。

　　电力系统运行状态的改变，不是瞬时完成的，而要经历一个过渡状态，这种过渡状态称为暂态过程。电力系统的暂态过程通常可以分为电磁暂态过程和机电暂态过程。电磁暂态过程指电力系统各元件中电场和磁场以及相应的电压和电流的变化过程，机电暂态过程指由于发动机和电动机电磁转矩的变化所引起的电机转子机械运动的变化过程。

　　虽然电磁暂态过程和机电暂态过程同时发生并且相互影响，但由于现代电力系统规模的不断扩大，结构日益复杂，需要考虑的因素繁多，再加上这两个暂态过程的变化速度相差很大，要对它们统一分析是十分复杂的工作，因此在工程上通常近似地对它们分别进行分析。例如，在电磁暂态过程分析中，由于在刚开始的一段时间内，系统中的发电机和电动机等转动机械的转速由于惯性作用还来不及变化，暂态过程主要决定于系统各元件的电磁参数，故常不计发动机和电动机的转速变化，即忽略机电暂态过程。而在静态稳定性和暂态稳定性等机电暂态过程分析中，转动机械的转速已有了变化，暂态过程不仅与电磁参数有关，而且还与转动机械的机械参数（转速、角位移）有关，分析时往往近似考虑或甚至忽略电磁暂态过程。只在分析由发动机轴系引起的次同步谐振现象、计算大扰动后轴系的暂态扭矩等问题中，才不得不同时考虑电磁暂态过程和机电暂态过程。

7.1　同步电机三相短路故障仿真

　　图 7-1 为同步发电机在转子有励磁电流而定子回路开路即空载运行情况下，定子三相绕组端部突然三相短路后的电流实测波形。用波形分析方法分析定子三相短路电流，可知三相的短路电流均含有直流电流分量。图 7-2 为同步发电机端发生三相矩路时，电流包络线的均分线，即短路电流中的直流分量。各相的直流分量大小不等，但衰减规律相同。图 7-2（b）为分解得到的交流分量，其峰峰值（正向最大值和负向最大值之差）为三相短路电流包络线间的垂直距离（三相相等）。交流分量含有按两个时间常数衰减的分量，一般将时间常数小的称为 T''，大的称为 T'。交流分量最终衰减至稳态短路电流。

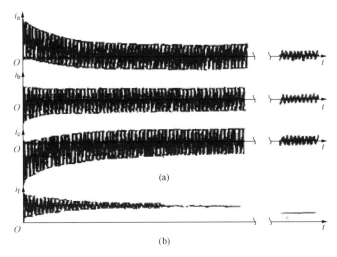

图 7-1　同步发电机钉子三相绕组端部三相短路后的电流波形

（a）定子三相电流（短路电流）；（b）励磁回路电流

　　图 7-1（b）的励磁回路电流波形表明，定子三相短路后励磁回路电流中出现了交流电流，它最后衰减至零，其衰减时间与定子电流直流分量的衰减时间相同。此外，图中交流电流的对称轴线，即直流电流，在刚短路后较正常值 i_{f0} 大，最后衰减至 i_{f0}，其衰减时间与定子电流交流分量的相同。励磁回路电流的上述变化是由于励磁回路和定子以及转子阻尼回路间存在磁耦合的缘故。

　　由图 7-1 所示的波形还可以看出，无论是定子短路电流还是励磁回路电流，在突然短路瞬间均不突变，即三相定子电流均为零，励磁回路电流等于 i_{f0}，这是因为在感性回路中电流（或磁链）是不会突变的。

　　可以在 HYPERSIM 中建立同步电机的仿真模型，在同步电机的机端设置三相接地故障，分析故障期间的电流暂态过程。首先搭建如图 7-3 所示的仿真模型。

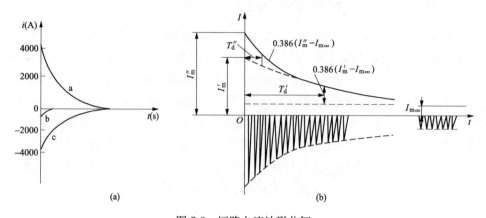

图 7-2　短路电流波形分解

（a）三相直流分量；（b）交流分量

T_d'—励磁绕组电流非周期分量衰减时间常数；T_d''—阻尼绕组电流非周期分量衰减时间常数；

I_m'—瞬态短路电流初始值；I_m''—超瞬态短路电流初始值；$I_{\mathrm{m}\infty}$—无穷大时刻的短路电流

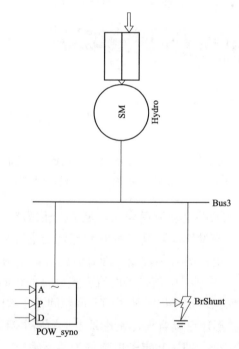

图 7-3　同步电机三相短路仿真模型

在发电机出口母线处设置三相短路故障，故障在 0.5s 时发生，20s 时故障解除，故障卡设置如图 7-4 所示。

观测机端电流，可以看到波形如图 7-5 所示，与实测值波形规律相符。

图 7-4　三相短路故障卡设置

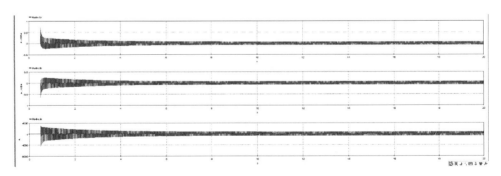

图 7-5　三相短路故障电流

7.2　太阳能光伏发电

太阳能光伏发电是太阳能利用的一种重要形式，是采用太阳电池将光能转换为电能的发电方式，而且随着技术不断进步，光伏发电有可能是最具发展前景的发电技术之一。太阳电池的基本原理为半导体的光伏效应，即在太阳光照射下产生光电压现象。1954 年美国贝尔实验室首次发明了以 PN 结为基本结构的具有实用价值的晶体硅太阳电池，从此太阳电池首先在太空技术中得到广泛应用，现在开始逐步在地面得到推广应用。

图 7-6 为保持光伏电池温度不变，光伏阵列的输出随辐照度和负载变化的 I-U_L 和 P-U_L 曲线族。由该曲线族可以看到开路电压 U_{oc} 随辐照度的变化不明显，而短路电流 I_{sc} 则随辐照度有明显的变化。P-U 曲线中的最大功率点功率 P_m 随辐照度的变化也有明显的变化。图 7-7 为相同辐照度而不同温度条件下光伏电池特性。

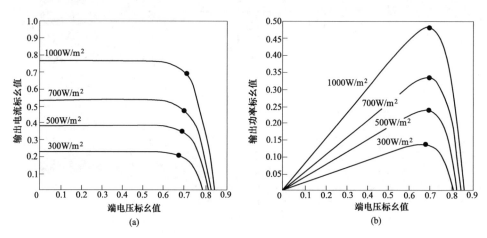

图 7-6　相同温度而不同辐照度条件下的光伏电池特性

（a）电流—电压曲线；（b）功率—电压曲线

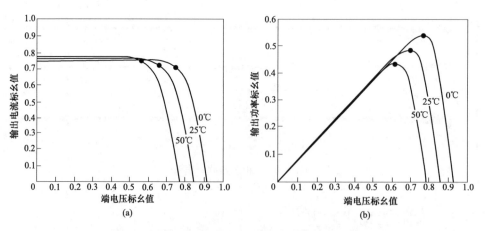

图 7-7　相同辐照度而不同温度条件下光伏电池特性

（a）电流—电压曲线；（b）功率—电压曲线

图 7-8 所示为简单的单级式三相光伏并网逆变系统的拓扑结构，显然，并网逆变器实际上是电力电子技术中的有源逆变器，由于并网逆变器一般采用全控型开关器件，因此并网逆变器也可称为 PWM 并网逆变器。

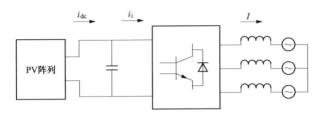

图 7-8　单级式三相光伏并网主电路图

根据矢量定向和控制变量的不同，并网逆变器的控制策略可以归纳成四类：①基于电压定向的矢量控制（VOC）；②基于电压定向的直接功率控制（V-DPC）；③基于虚拟磁链定向的矢量控制（VFOC）；④基于虚拟磁链定向的直接功率控制（VF-DPC）。

由图 7-6 可以看出，当温度相同时，随着辐照度的增加，光伏电池的开路电压几乎不变，而短路电流、最大输出功率则有所增加，可见辐照度变化时主要影响光伏电池的输出电流；另外，由图 7-7 可以看出，当辐照度相同时，随着温度的增加，光伏电池的短路电流几乎不变，而开路电压、最大输出功率则有所减小，可见温度变化时主要影响光伏电池的输出电压。针对上述基本规律，有几种主要的最大功率点跟踪控制方法，包括定电压法、扰动观察法、电导增量法等等。

进行光伏发电的仿真时，可以搭建如图 7-9 所示的光伏发电仿真算例，其中光伏采用 HYPERSIM 软件自带光伏组件。

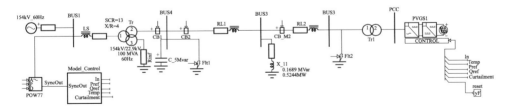

图 7-9　光伏发电仿真算例

光伏组件具体电路如图 7-10 所示。光伏发电单元采用电流内环、电压外环控制，有功、无功参考值通过固定参数输入，具体控制逻辑如图 7-11 和图 7-12 所示。

仿真时间设置为 22s，对无功参考值（标幺值）为 −0.3、0、0.3 的情况、有功参考值（标幺值）为 0.3、0.5、0.8、1 的情况进行仿真（仿真参数设置情况如表 7-1 所示），可观测光伏发电的有功、无功输出波形。

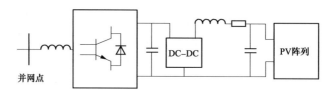

图 7-10 光伏发电模型

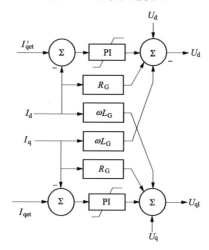

图 7-11 电流控制逻辑

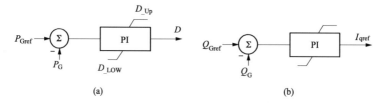

(a) (b)

图 7-12 有功、无功控制逻辑

(a) 有功控制逻辑；(b) 无功控制逻辑

表 7-1 光伏并网仿真参数设置情况

时间 (s)	无功参考值 (标幺值)	有功参考值 (标幺值)	温度 (℃)	辐照度 (W/m²)	限电状态
0～2	0	0.3	25	800	否
2～2.5	0.3	0.3	25	800	否
2.5～4	0.3	1	25	800	否
4～5	0.3	1	25	800	否
5～6.5	0.3	0.5	25	800	是
6.5～7.5	0.3	0.8	25	800	是
7.5～8	0	0.8	25	800	是
8～10	0	0.3	25	800	是
10～15	−0.3	0.3	25	800	否
15～18	−0.3	0.3	25	1000	否
18～22	−0.3	0.3	35	1000	否

通过图 7-13，可观测到 0～5s 的自由发电状态、5～10s 的限电状态、10～22s 的自由发电状态下，不同有功参考值、无功参考值、温度以及太阳光辐照度对光伏发电有功、无功输出的影响。

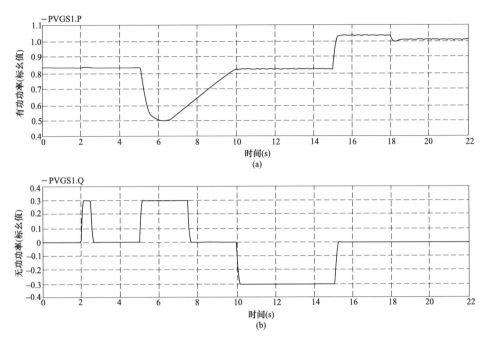

图 7-13　仿真算例光伏有功、无功输出波形
(a) 时间—有功曲线；(b) 时间—无功曲线

7.3　交流系统的故障仿真

不对称短路是输电线路中常见的故障形式，在单相或两相不对称对地短路时，非故障相的电压一般将会升高，其中单相接地时非故障相的电压升高更为严重。

单相接地故障时，故障点三相电流和电压是不对称的，计算非故障相电压升高可采用对称分量法，通过复合序网络进行分析。分析中不考虑长线特性，即忽略沿线的工频电压升高。

设线路 A 相发生接地故障，根据故障点的 A 相电压 $U_A=0$，非故障相的故障电流 $I_B=0$，$I_C=0$ 的条件，按对称分量关系可得出图所示的复合序网络。

其中，E 为故障点在故障前的对地正序电压，Z_{R1}、Z_{R2}、Z_{R0} 分别为从故障点看入（电源电势短接）的正序、负序、零序入口阻抗，$\dot{U}_1$ 和 $\dot{I}_1$、$\dot{U}_2$ 和 $\dot{I}_2$、$\dot{U}_0$ 和 $\dot{I}_0$ 分别为故障点的正序、负序、零序电压和电流。由图 7-14 得

$$\dot{I}_1=\dot{I}_2=\dot{I}_0=\frac{\dot{E}_1}{Z_{R1}+Z_{R2}+Z_{R0}}$$

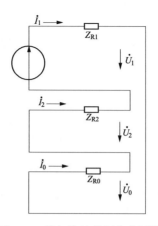

图 7-14　单相接地的复合序网络

$$\dot{U}_1 = \dot{E}_1 - \dot{I}_1 \, Z_{R1}$$

$$\dot{U}_2 = -\dot{I}_2 \, Z_{R2}$$

$$\dot{U}_0 = -\dot{I}_0 \, Z_{R0}$$

于是非故障相的电压可用 $\dot{U}_1$、$\dot{U}_2$、$\dot{U}_0$ 表示为

$$\dot{U}_B = \alpha^2 \, \dot{U}_1 + \alpha \, \dot{U}_2 + \dot{U}_0$$

$$\dot{U}_C = \alpha \, \dot{U}_1 + \alpha^2 \, \dot{U}_2 + \dot{U}_0$$

$$\alpha = e^{j120°}$$

故障处的入口阻抗为线路感抗和电源感抗之和，设 X_1、X_2 和 X_0 为从故障点看进去网络正序、负序和零序电抗，并近似地取 $X_1 \approx X_2$，故障点在故障前的相对地电压为 U_{A0}，并考虑 $U_{B0} = a' U_{Ao}$，则有

$$\dot{U}_B = \dot{U}_{B0} - \frac{K-1}{K+2} \dot{U}_{A0} = \dot{U}_{B0} + \Delta \dot{U}$$

$$K = \frac{X_0}{X_1}$$

$$\Delta \dot{U} = -\frac{K-1}{K+2} \dot{U}_{A0}$$

同理，$\dot{U}_C = \dot{U}_{C0} + \Delta \dot{U}$。

当 $K > 1$ 时，相量 Q_U 与 U_{A0} 反相，单相接地时故障点电压相量如图 7-15 所示。

非故障相电压的数值可利用余弦定理求得，即

$$U_B = U_C = U_{A0} \sqrt{1 + \left(\frac{\Delta U}{U_{A0}}\right)^2 - 2\frac{\Delta U}{U_{A0}}\cos 120°}$$

$$= U_{A0} \sqrt{1 + \left(\frac{K-1}{K+2}\right)^2 + \frac{K-1}{K+2}} = \alpha \, U_{A0}$$

式中，$\alpha = \sqrt{3} \dfrac{\sqrt{1+K+K^2}}{K+2}$ 称为接地系数，是单相接地时故障点非故障相对地电压与故障前故障相对地电压之比。

在中性点不接地系统中，X_0 是线路对地容抗，其值很大，而 X_1 是感抗，故 K 值必为负值。单相接地故障时，工频电压升高，可达 1.1 倍额定电压。

对中性点经消弧线圈接地的系统，消弧线圈用以补偿零序电容。无论是欠补偿或是过补偿，总有 $K \to \infty$ 或 $K \to -\infty$。由此可知，非故障相电压将升至线电压。通常 35～60kV 系统采用这种接地方式。

中性点直接接地时，零序电抗是感抗，因此，K 值是正的。单相接地故障时，非故障相的电压随着 K 值的增大而上升，工频电压升高不大于 1.4 倍相电压，即 0.8 倍额定电压。一般 110kV 及以上系统均采用这种运行方式。

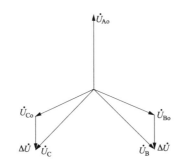

图 7-15　单相接地时故障点电压向量

图 7-16 的算例中，展示了简单的交流系统故障仿真。首先，搭建一个 6 母线的 500kV 系统，系统之外的部分通过带内阻的电压源等效。

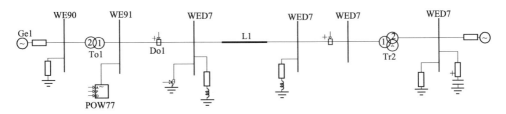

图 7-16　6 母线 500kV 系统仿真模型

在输电线一端设置了 A 相接地故障，故障在 0.028s 开始，在 0.15s 结束，故障卡设置如图 7-17 所示。同时，在线路两端设置了继电保护动作逻辑。断路器在 0.1s 时将线路断开，由于故障的恢复，在 0.2s 时断路器重合。通过监视线路两端的电流、电压波形，可以看到故障的持续过程、继电保护的动作过程以及线路重合之后的暂态过程。单相接地故障仿真波形图如图 7-18 所示。

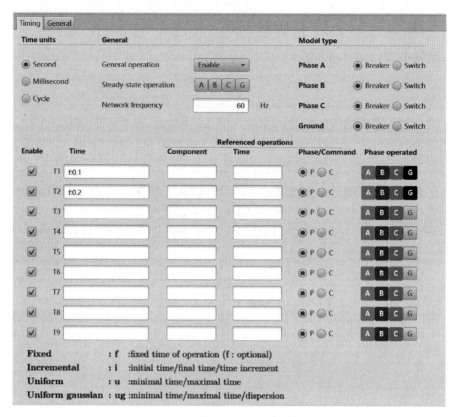

图 7-17　单相接地短路故障卡设置

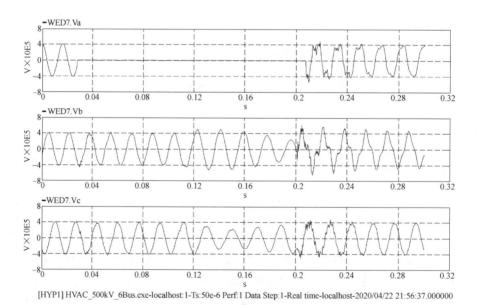

[HYP1] HVAC_500kV_6Bus.exe-localhost:1-Ts:50e-6 Perf:1 Data Step:1-Real time-localhost-2020/04/22 21:56:37.000000

图 7-18　单相接地故障仿真波形图

7.4 IEEE9 节点仿真算例

IEEE9 节点系统是电力系统仿真中常用的仿真算例，首先建立如图 7-19 所示的 IEEE9 节点仿真模型。

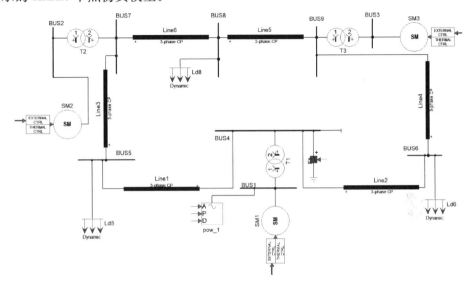

图 7-19 IEEE9 节点仿真模型

点击"Load Flow"按钮，可观测系统的潮流计算结果（见图 7-20）。

```
========= Result report abstract =========

Generation buses
Bus              Pgen (MW)   Qgen (Mvar)
BUS1              71.826      26.602
BUS2             163.000       6.536
BUS3              85.000     -10.961
                _____    _____
Total:           319.826      22.178


Internal voltages at generation buses
Bus              Vint (kV rms LL, deg)
BUS1              27.565 @ 11.201
BUS2              26.319 @ 51.087
BUS3              19.027 @ 44.263
```

图 7-20 潮流计算结果

在母线 Bus4 处设置三相短路故障，故障在 0.05s 发生，在 0.07s 故障解除，故障卡设置情况如图 7-21 所示。

启动仿真后，可观测故障点母线 Bus4、远端母线 Bus8、同步发电机 SM2 的有功输出等，查看故障发生后的暂态过程（见图 7-22）。

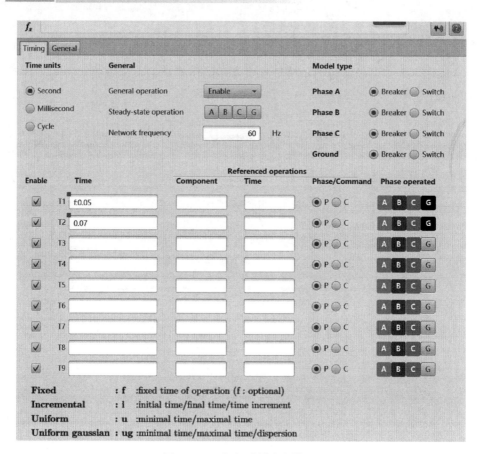

图 7-21 三相短路故障卡设置

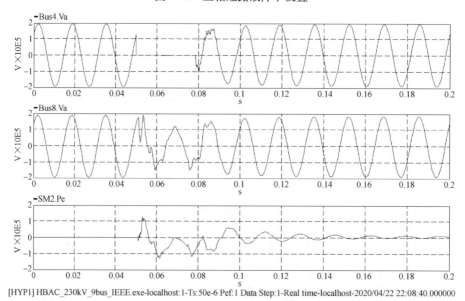

[HYP1] HBAC_230kV_9bus_IEEE.exe-localhost:1-Ts:50e-6 Pef:1 Data Step:1-Real time-localhost-2020/04/22 22:08:40.000000

图 7-22 母线 Bus4、Bus8、同步电机 SM2 暂态波形图

参 考 文 献

［1］王薇薇，朱艺颖，刘翀. 基于 HYPERSIM 的大规模电网电磁暂态实时仿真实现技术［J］. 电网技术，2019，43（04）：1138-1143.

［2］董鹏，朱艺颖，郭强. 基于 HYPERSIM 的直流输电系统数模混合仿真接口技术研究 ［J］. 电网技术，2018，42（12）：3895-3902.

［3］易杨，张尧，钟庆. 基于 HyperSIM 的电压暂降问题仿真研究 ［J］. 中国电力，2008（03）：23-28.

［4］林凌雪，张尧，钟庆，武志刚. 高压直流输电系统中换相失败 Hypersim 仿真分析 ［J］. 电力自动化设备，2007（08）：33-37.

［5］周保荣，房大中，Laurence A. Snider，陈家荣. 全数字实时仿真器——HYPERSIM ［J］. 电力系统自动化，2003（19）：79-82.

［6］吴文辉，曹祥麟. 电力系统电磁暂态计算与 EMTP 应用 ［M］. 北京：中国水利水电出版社，2012.